356#1

Die Geschichte des
Porsche 356 „Nr. 1“ Roadster

Der Porsche 356 „Nr. 1“ Roadster

Porsche Mission Statement

»

Am Anfang schaute ich mich um, konnte aber den Wagen, von dem ich träumte, nicht finden. Also beschloss ich, ihn mir selbst zu bauen.

«

Ferry Porsche

Der Porsche 356 „Nr. 1" Roadster

„Am Anfang schaute ich mich um, konnte aber den Wagen, von dem ich träumte, nicht finden. Also beschloss ich, ihn mir selbst zu bauen."

Mit seiner Vision des 356 „Nr. 1" Roadster verwirklicht Ferry Porsche seinen Traum vom sportlichen Fahren. Am 8. Juni 1948 erhält der Wagen die allgemeine Betriebserlaubnis und avanciert damit zum Urmeter aller heutigen Porsche-Sportwagen.

Die Worte von Ferry Porsche prägen unser Handeln und motivieren uns, unsere Grenzen ständig neu zu definieren. Der zweite, unbekanntere Teil dieses Zitates beschreibt den ersten Porsche sogar noch treffender: „...einen kleinen, leichten Sportwagen, der die Energie effizient nutzt." Dieser Satz ist heute noch genauso aktuell wie vor 75 Jahren.

Für uns ist der 356 „Nr. 1" Roadster weit mehr als nur Geburtstagskind, Ideengeber für die Porsche Design-DNA und Botschafter für Attribute wie leicht, schnell, innovativ oder konsequent. Er ist für uns der Inbegriff für sowohl Herkunft als auch Entwicklung: der Zeit und den Bedürfnissen immer wieder angepasst und doch im Kern authentisch.

Als einer der wenigen Automobilhersteller hat Porsche das große Glück, mit dem Original heute im Besitz seines erstgebauten Fahrzeuges zu sein. Die wechselvolle Geschichte, die der Wagen seit seiner Entstehung erlebt hat, erzählt von den Anfängen unserer Marke, vom Mut, neue Wege zu gehen und steht stellvertretend für die Individualität aller Porsche-Fahrer.

Dieser Meilenstein unserer Unternehmenshistorie empfängt im Porsche Museum nicht nur Besucher aus aller Welt am Porscheplatz 1, sondern macht auch genau das, wofür er vor nunmehr 75 Jahren gebaut wurde: fahren. Wie fast alle unsere Exponate setzen wir auch unsere „Nummer 1" auf Veranstaltungen in der ganzen Welt ein.

Und das mindestens noch die nächsten 75 Jahre.

Achim Stejskal
Leiter Heritage und Porsche Museum

Der Porsche 356 „Nr. 1“ Roadster

Dies ist seine Geschichte.

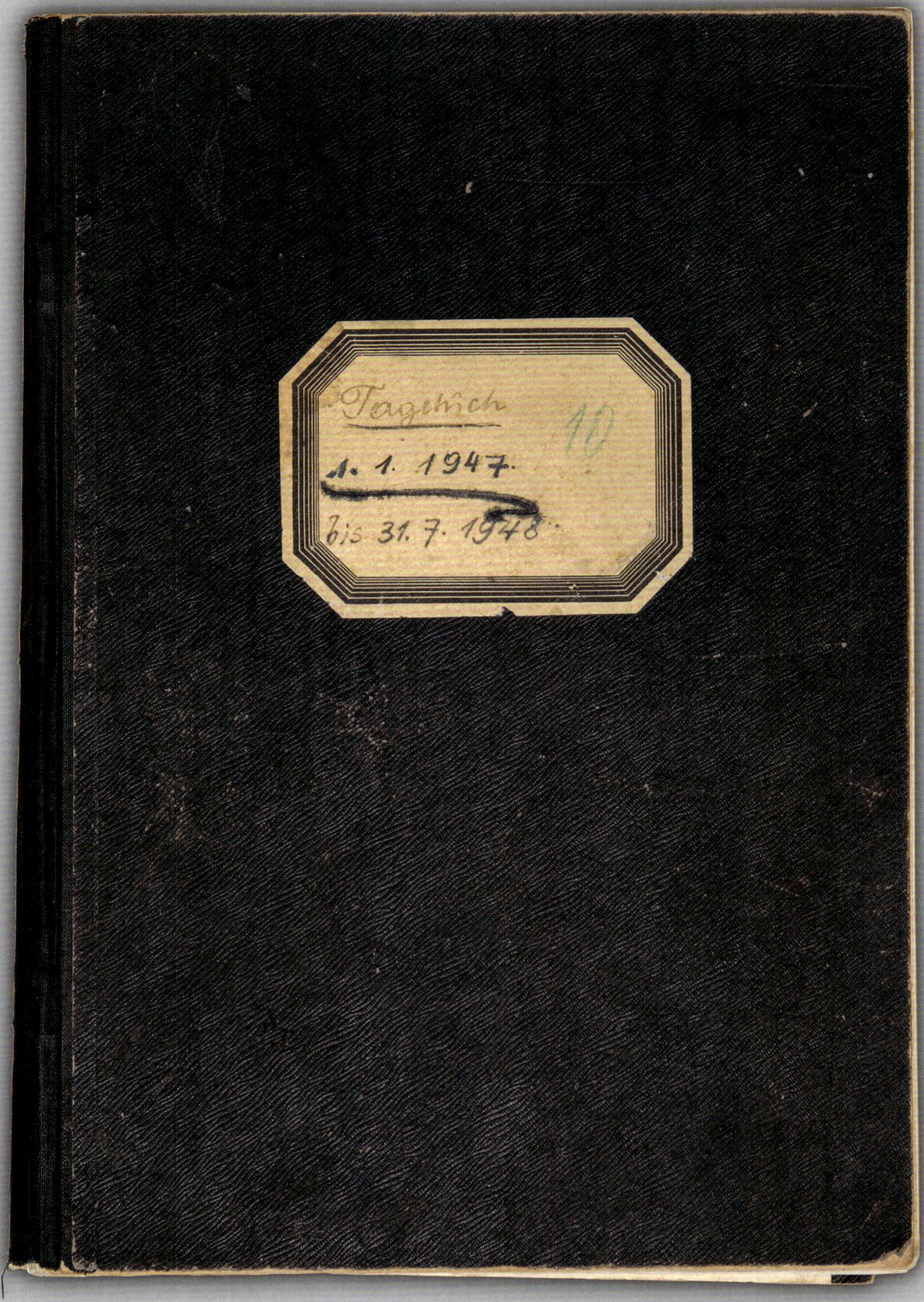
Tagebuch
1. 1. 1947
bis 31. 7. 1948
10

Die Idee begleitet Ferry Porsche seit er zwölf Jahre alt ist: Irgendwann, so beschließt er, baut er sich sein eigenes Auto. Schlüsselerlebnis ist seine Probefahrt mit dem Austro-Daimler-Rennwagen ADSR „Sascha“, den sein Vater Ferdinand Porsche 1922 konstruiert. Ferry Porsche ist von dem 45 PS starken und 144 km/h schnellen Kleinwagen so begeistert, dass er sich fest vornimmt, seinen eigenen „Sascha“ zu bauen. Er kann den Plan zwar nicht verwirklichen. Aber Ferry Porsche ist vom Virus Sportwagen infiziert.

Er wächst in das väterliche Konstruktionsbüro hinein und Ende der 1930er Jahre entsteht die erste Idee für einen eigenen Sportwagen. Das Projekt kommt nicht über das Entwurfsstadium hinaus. Dafür entwickelt Porsche im Regierungsauftrag ein Wettbewerbsauto auf Basis des Ur-Volkswagen Typ 60. Der Rennsportwagen Typ 64 von 1939 gilt heute als der Urahn aller Sportwagen der Marke Porsche.

Sieben Jahre später erhält der Traum von Ferry Porsche neue Nahrung. Zwischenzeitlich ist das Konstruktionsbüro kriegsbedingt ins österreichische Gmünd ausgelagert. Das Schicksal des Unternehmens ruht auf seinen Schultern, Ferdinand Porsche ist zu diesem Zeitpunkt in französischer Nachkriegshaft. Bei einem Besuch in Turin sieht der junge Firmenchef, wie aus Fiat-Teilen ein Sportwagen, der Cisitalia 202 SMM Spyder, gebaut wird. Dies gibt für ihn den finalen Ausschlag, ein Sportwagenprojekt unter eigener Regie und eigenem Namen realisieren zu wollen.

Ferry Porsche kann sich bei der Verwirklichung seines Vorhabens auf ein eingespieltes Team verlassen. Karl Rabe, Leiter der Konstruktionsabteilung, entwirft mit seinen Ingenieuren die gesamte Technik. Walter Hüttisch, Erwin Komenda, August Klie und Karl Mozelt zeichnen für die Entstehung der zeitlosen Roadsterform verantwortlich. Begnadete Handwerker setzen die Entwürfe um. Werkmeister Rudolf Rührl formt den ersten Rahmen, Spengler Friedrich Weber die Aluminiumkarosserie. Eine Legende wird geboren.

Am Nachmittag des 9. April 1947 diskutiert Ferry Porsche mit seinem Oberingenieur Karl Rabe seine konkreten Vorstellungen zu einem Roadster mit Technik aus dem Volkswagen. Das Projekt trägt den Namen „VW-Sport-Typ“ und die fortlaufende Konstruktionsnummer 356. Es ist die älteste verbriefte Aufzeichnung über die Entstehung des ersten Sportwagens der Marke Porsche. Erstmals entwickelt das Konstruktionsbüro unter eigenem Namen ein Fahrzeug und startet damit in die Zukunft als unabhängiger Automobilhersteller.

Ferry Porsche betrachtet den Zweisitzer als Prototyp dafür, was durch konsequenten Leichtbau möglich ist. Und gibt ihm als erstem Fahrzeug seinen Namen als Schriftzug auf der Haube: Porsche.

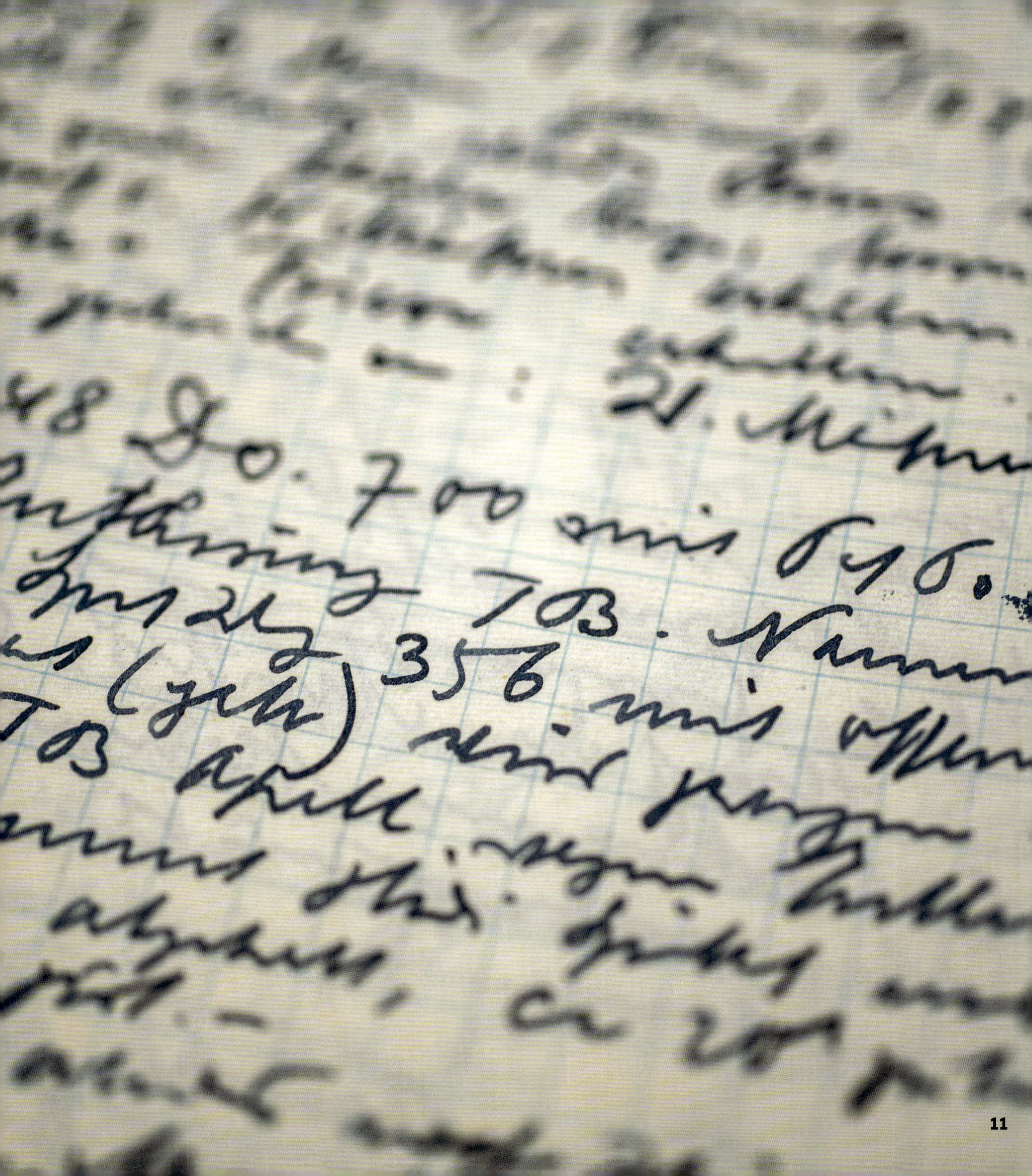

Der Porsche 356 „Nr. 1“ Roadster

K45-286

Der Porsche 356 „Nr. 1“ Roadster

1947

Gmünd

Drei Zeichnungen vom 11. Juni 1947 im Maßstab 1:10 sind die ältesten erhaltenen Dokumente über den ersten Porsche. Das Projekt trägt jetzt den Arbeitstitel „Sportwagen-Zweisitzer". Der Konstrukteur Walter Hüttisch, seit rund einem Monat bei Porsche, entwirft einen eher bulligen Roadster mit relativ hoch liegender Fensterlinie. Die Fronthaube steigt steil an und ragt über die Kotflügel hinaus. Front und Heck schließen mit geschwungenen Formen ab. Die geteilten Stoßstangen schmiegen sich um die Kotflügel. Über die Fronthaube verläuft längs eine ausgeprägte Zierleiste vom mittleren Rahmen der geteilten Frontscheibe bis zu einem Emblem knapp über der Stoßstangenlinie – ähnlich wie beim Volkswagen. Über den Heckdeckel verläuft passend dazu eine breite Schmuckleiste, die im beleuchteten Kennzeichenträger ausläuft.

Als Alternative schlägt Walter Hüttisch eine zweite Heckvariante mit weniger ausgeprägten Rundungen der Kotflügel vor.

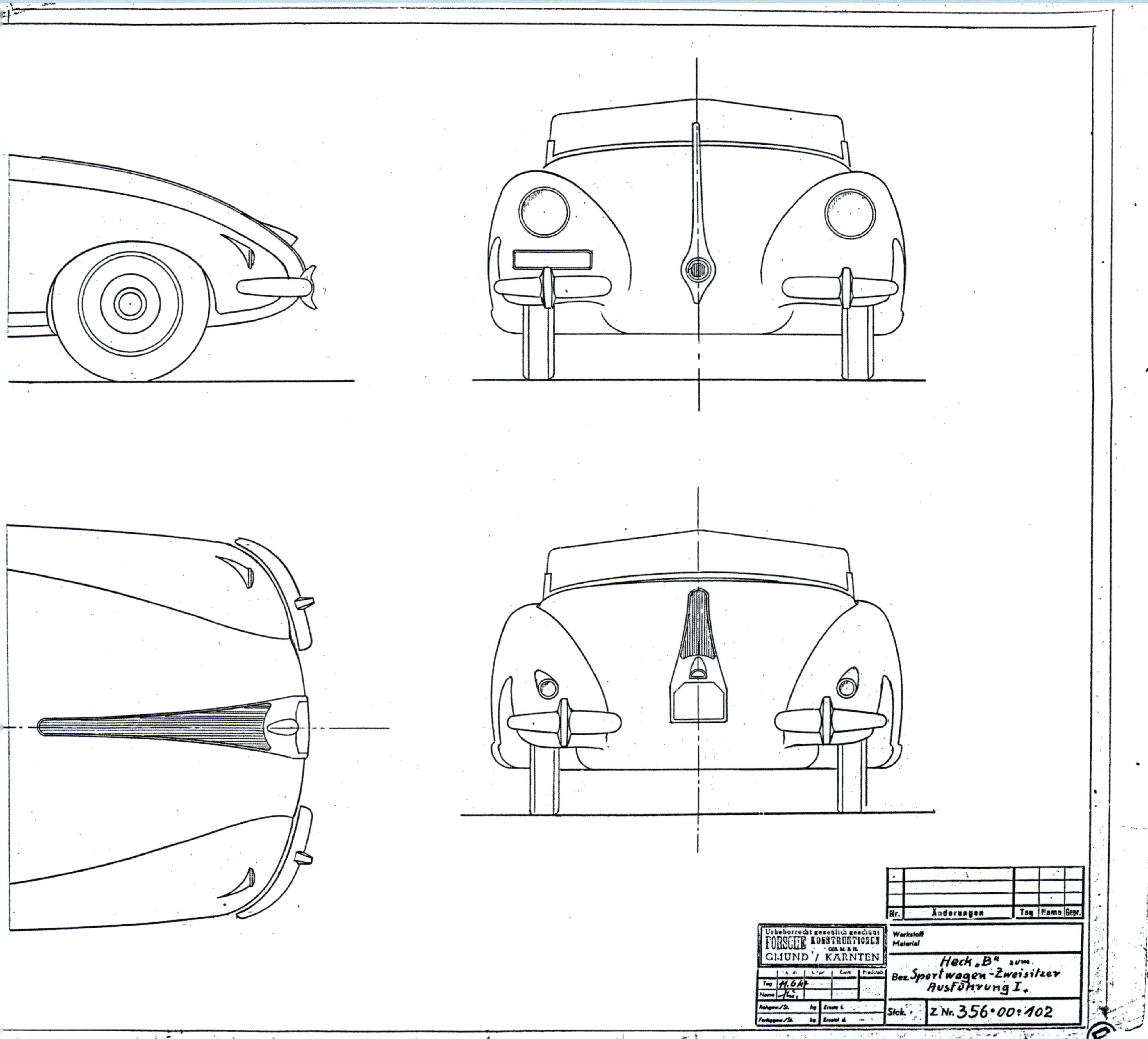

Nr.
Änderungen
Tag
Name
Gepr.
Urheberrecht gesetzlich geschützt
PORSCHE KONSTRUKTIONEN
GES. M. B. H.
GMUND / KÄRNTEN
Tag
11.6.47
Name
Maßstab
Rohgew./St. kg
Fertiggew./St. kg
Ersatz f.
Ersetzt d.
Werkstoff
Material
Heck „B" zum
Bez. Sportwagen-Zweisitzer
Ausführung I.
Stck.
Z. Nr. 356·00·102

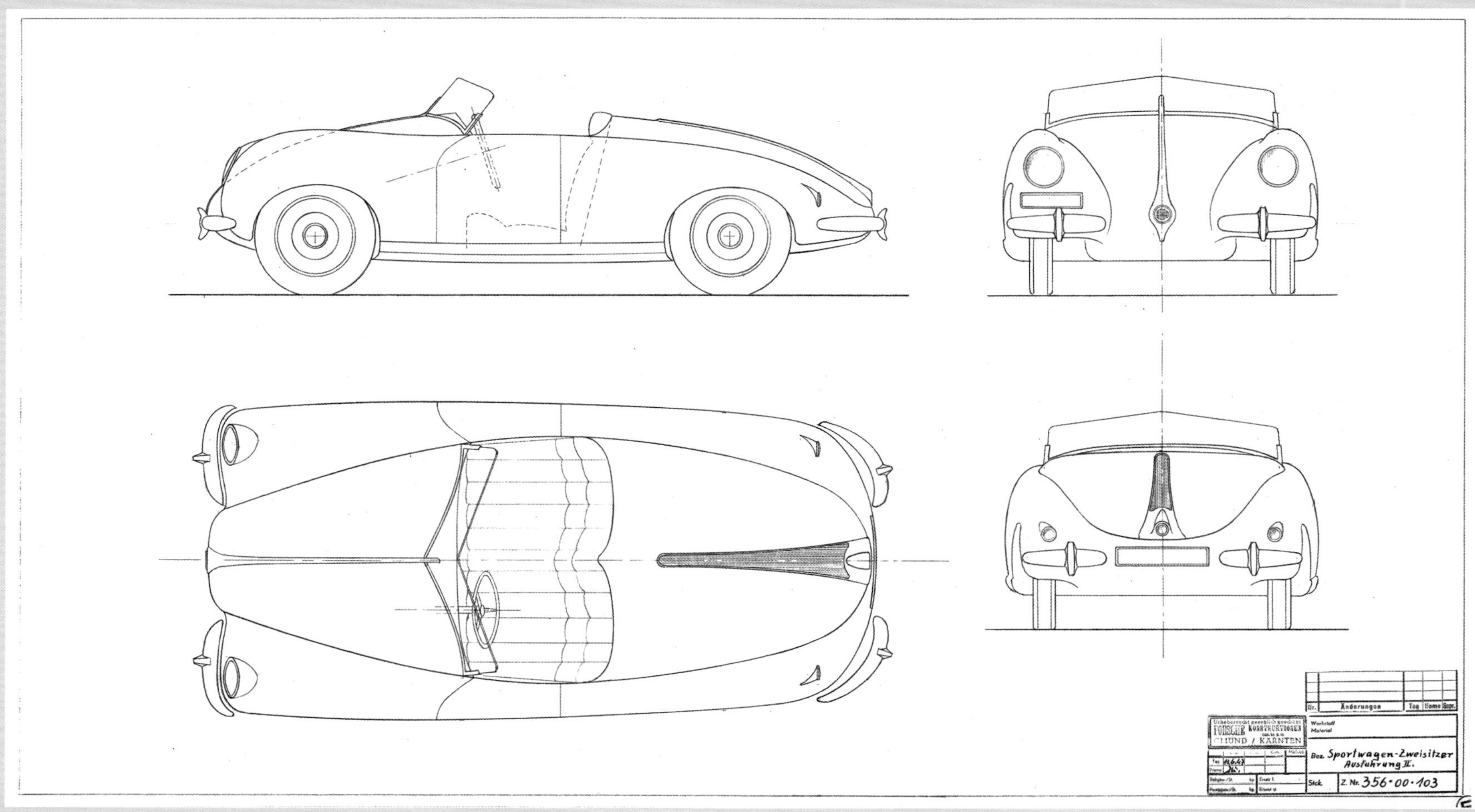
Änderungen
Tag
Name
Urheberrecht gesetzlich geschützt
PORSCHE KONSTRUKTIONEN
GMÜND / KÄRNTEN
Werkstoff
Material
Bez. Sportwagen-Zweisitzer
Ausführung II.
Stck.
Z. Nr. 356·00·103

Der „Sportwagen-Zweisitzer Ausführung II" von Walter Hüttisch zeigt eine insgesamt deutlich geglättete Karosserie. Der Heckdeckel schließt abgerundet ab, das Kennzeichen sitzt zwischen den Stoßstangenhälften. Vor allem aber steigt die Fronthaube flach an, überragt von den etwas ausgeprägteren Kotflügeln. Dieses Designmerkmal wird künftig jeden Porsche auszeichnen.

Bauplan für eine Legende: Der erste Entwurf für den Gitterrohrrahmen des Roadsters trägt die Nummer 356.49.001 und stammt vom 9. Juli 1947, signiert von Erwin Komenda. Das Gesamtgewicht der leichten, aber sehr stabilen Konstruktion aus Stahlrohren wird mit 80 bis 90 Kilogramm berechnet. Der Tank soll 40 Liter fassen und neben dem Fußraum des Beifahrers untergebracht werden, Batterie und Werkzeugkasten seitlich des Mittelmotors. Die Konzentration der schweren Bauteile zwischen den Achsen verspricht ein sehr ausgewogenes Fahrverhalten.

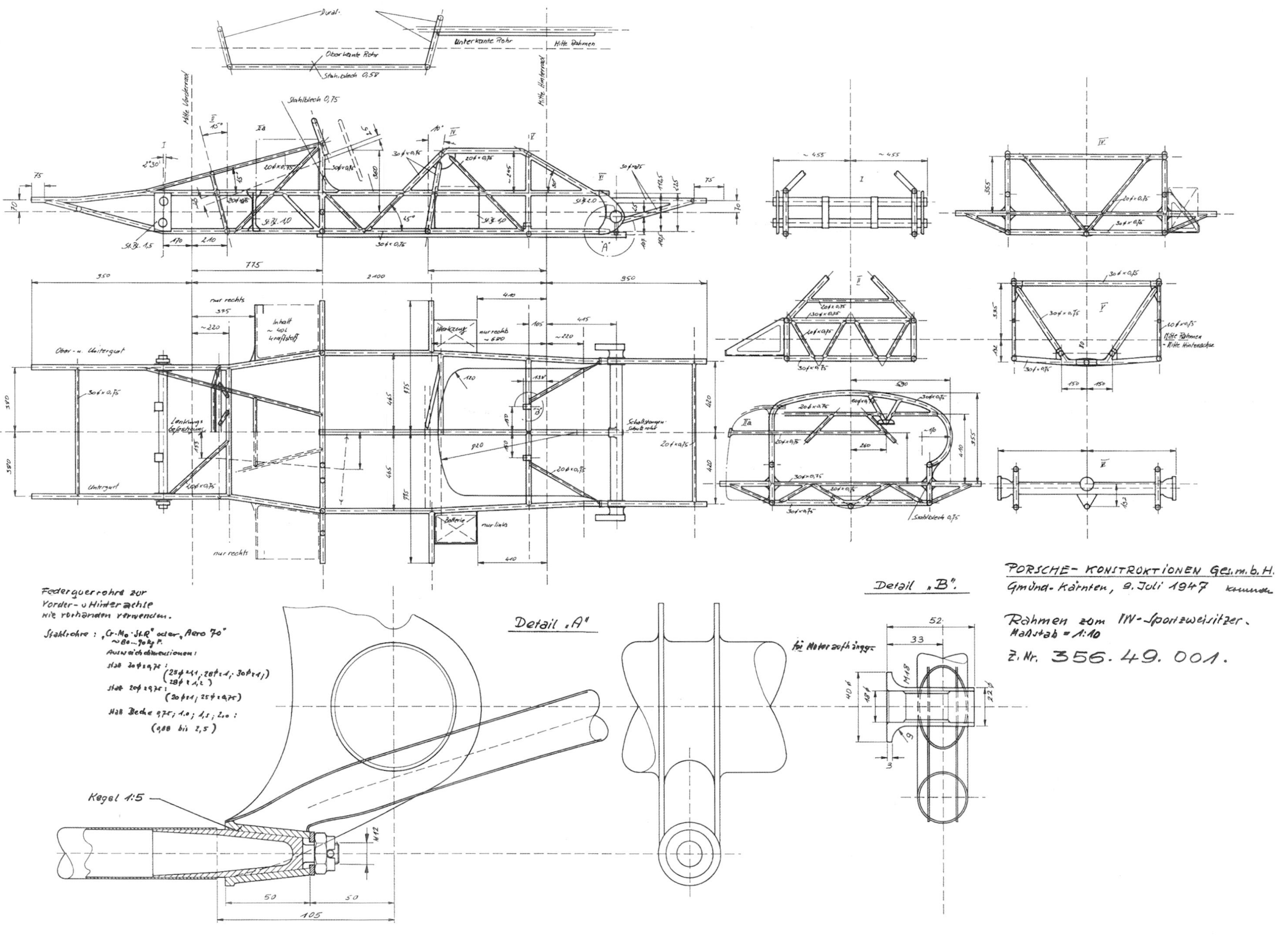
PORSCHE-KONSTRUKTIONEN Ges.m.b.H.
Gmünd-Kärnten, 9. Juli 1947
Rahmen zum VW-Sportzweisitzer.
Maßstab = 1:10
Z. Nr. 356.49.001.
Detail „A"
Detail „B"
Kegel 1:5

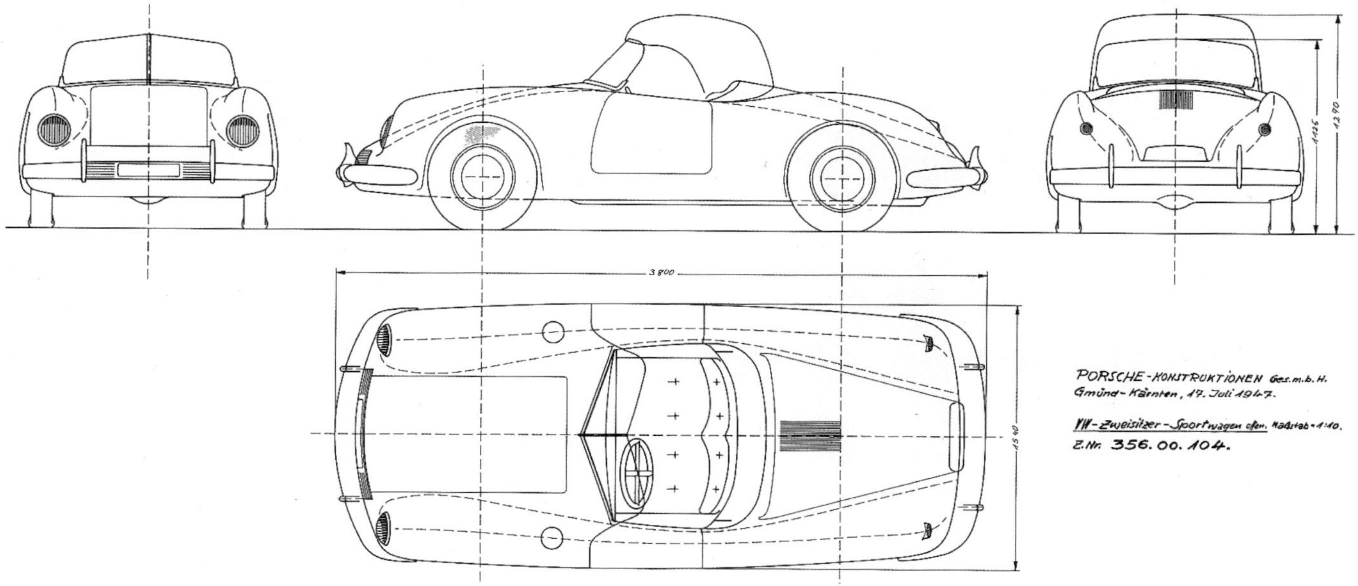
3800
1540
1426
1290
PORSCHE-KONSTRUKTIONEN Ges.m.b.H.
Gmünd-Kärnten, 17. Juli 1947.
VW-Zweisitzer-Sportwagen offen. Maßstab=1:10.
Z.Nr. 356.00.104.

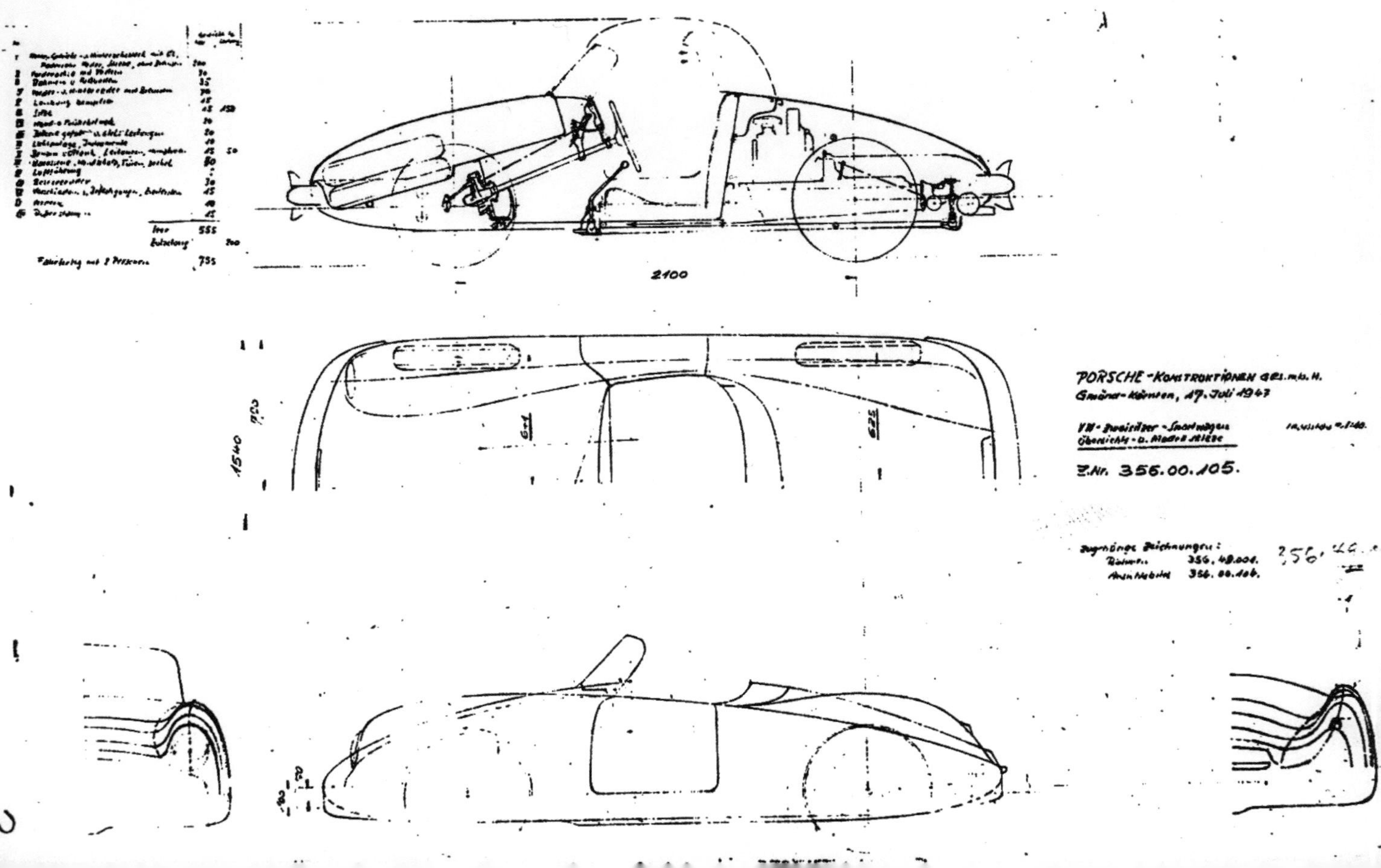
555
735
2100
1540
PORSCHE-KONSTRUKTIONEN Ges.m.b.H.
Gmünd-Kärnten, 17. Juli 1947
Z.Nr. 356.00.105.
356.48.001.
356.00.104.

Der erste Porsche nimmt weiter Gestalt an. 3,80 Meter lang, 1,54 Meter breit und 1,125 Meter hoch entwickelt Erwin Komenda auf Basis der Zeichnungen von Walter Hüttisch am 17. Juli einen kompakten, flachen Sportwagen. Die Form folgt der Funktion. Die Türausschnitte sind jetzt wegen des Gitterrohrrahmens kleiner, der hintere Überhang kurz. Auch ein Notverdeck ist vorgesehen. Während sich die Zeichnung 356.00.104 mit der Formgebung der Karosserie beschäftigt, dient der Entwurf 356.00.105 als technische Grundlage. Mit Rücksicht auf den Zustand der Straßen in den Nachkriegsjahren sieht das Packagekonzept zwei Reserveräder unter der Fronthaube vor. Die Addition der einzelnen Komponenten ergibt ein rechnerisches Leergewicht von 555 Kilogramm mit bis zu 200 Kilogramm Zuladung.

Ein halbes Jahr Reifezeit beschert dem Roadster deutlich mehr stilistische Raffinesse. Am 6. Januar 1948 fertigt der Konstrukteur Karl Mozelt die Zeichnung Nummer 356.00.106 an. Sie zeigt einen schnittigen Sportwagen mit ausgeprägteren Konturen. Die Kotflügel sind schwungvoller, die Schultern breiter. Der angedeutete Rahmen fällt deutlich einfacher aus. Front und Heck sind schlicht und ohne Zierrat gezeichnet.

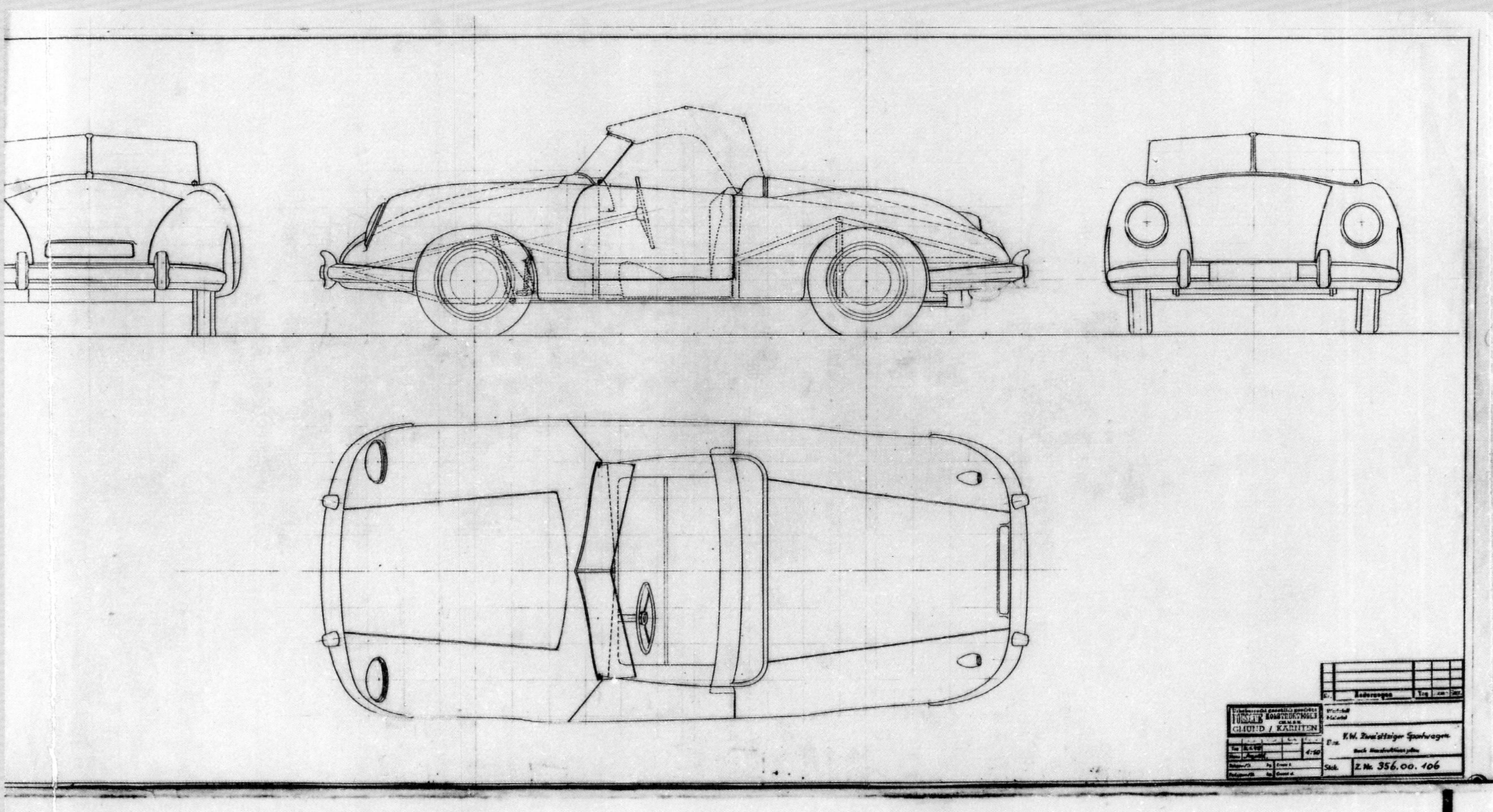
GMUND / KÄRNTEN
V.W. Zweisitziger Sportwagen
4:10
Stck.
Z. Nr. 356.00.106

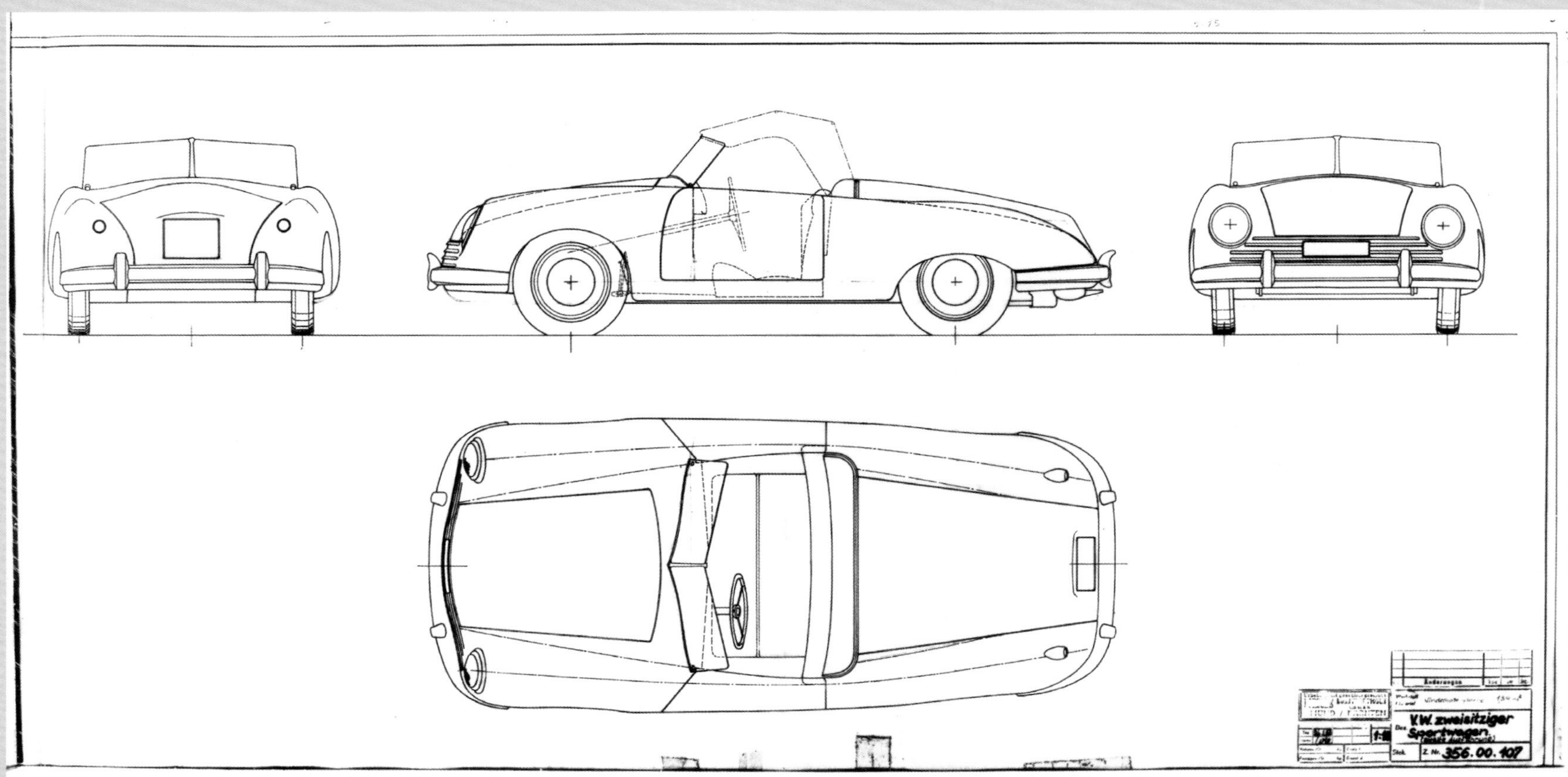
Änderungen
V.W. zweisitziger
Sportwagen.
Stck.
Z. Nr. 356.00.107

Am 26. Januar 1948 entsteht die Zeichnung Nummer 356.00.107. Konstrukteur August Klie betont mit Zierstäben auf der Front die horizontale Ausrichtung. Das Heck mit deutlich mehr Überhang zeigt schon den schwungvollen Höcker für das Kennzeichen. Ästhetik gepaart mit Aerodynamik: Die Windschattenfläche, wie die Stirnfläche genannt wird, beträgt nur 1,39 Quadratmeter.

Ghislaine Kaes, Privatsekretär von Ferdinand Porsche und Neffe von dessen Frau Aloisia, führt in Gmünd Buch über die Arbeiten des Konstruktionsbüros. In April und Mai 1948 stellt die Werkstatt den 356 „Nr. 1“ Roadster weitgehend fertig. Für den Serien-Sportwagen mit Blechrahmen entsteht das erste Fahrgestell, die Karosserie ist in Arbeit.

Gmünd, den 15.6.48
Vo/A

HAUSMITTEILUNG an Herrn Ghislaine E.J. Kaes

Betreff: Bericht über die Monate April und Mai 1948.

Im TB wurden folgende Arbeiten durchgeführt:

Typ 370 .... Sportwagen 2 Ltr
" 356 .... VW-Sport
" 383 .... Porsche-Schmid-Getriebe für VW
" 313 .... Dieselschlepper
" 425 .... 20-PS-Dieselschlepper
" 312 .... Benzinschlepper für Brasilien
" 288 .... Wasserturbine (alt)
" 289 .... Wasserturbine (neu)
" VW .... Benzineinspritzung

Die Werkstätte ist hauptsächlich mit der Erzeugung von Ersatzteilen für die Post, die Bahn und die Köb beschäftigt. Der Sportwagen 356/1 wurde im wesentlichen fertiggestellt und verschiedene Probefahrten durchgeführt. Das Blechrahmen-Fahrgestell des Sportwagens ist ebenfalls fertiggestellt und auch damit wurden Probefahrten gemacht. Das Klopfmodell für die geschlossene Karosserie des VW-Sportwagens wurde nahezu fertiggestellt. Der Schlepper für Brasilien ist bis zur Verpackung gediehen.

Neue Hauptaufträge wurden folgende erlassen:

HA 561	Konstruktion Porsche-Schmid-Getriebe f. VW (Versuchsausführung Typ 383)	15.4.1948
HA 562	Anfertigung von Vorrichtungen für Saurer	20.4.1948
HA 563	Radschlepper 20 PS, Typ 425 Konstruktion	27.4.1948
HA 564	Vorplanung eines Werkes zur Erzeugung des Schleppers Typ 425	27.4.1948
HA 565	Verbesserung der Belüftungsverhältnisse im Motorraum VW	27.4.1948
HA 566	Änderungen an der Karosserie u. am Rohrrahmen-Fahrgestell Typ 356	3.5.1948
HA 567	Änderungen an der Karosserie u. am Blechrahmen-Fahrgestell Typ 356	3.5.1948
HA 568	Konstruktion einer Durchströmturbine für 15 PS	5.5.1948
HA 569	Herstellung einer Durchströmturbine für 15 PS	5.5.1948
HA 570	Erprobung des Schleppers 113	20.5.1948
HA 571	Personenkraftwagen 2 1, 4-6 Sitzer	31. 5. 48

Abteilung Verkauf

Im Februar 1948 ist das Fahrgestell des Roadsters fertig. Werkmeister Rudolf Rührl formt einen Rahmen, der von den überlieferten Zeichnungen deutlich abweicht. Wenig später setzt der Spengler Friedrich Weber die Karosseriekonstruktion in Handarbeit mit Aluminiumblechen um. Am 13. Mai kommt der Prototyp frisch in einem gelben Farbton grundiert aus der Lackiererei.

Konstruktionen Ges.m.b.H. Gmünd,Kärnten

Sport 356/1

Die Geburtsurkunde. Am 8. Juni 1948 erhält der erste Porsche seine allgemeine Betriebserlaubnis. Die Eckdaten: Länge 3860 mm, Breite 1670 mm, Höhe 1250 mm, Radstand 2150 mm, Spurweite vorn 1290 mm, hinten 1250 mm, Wendekreis 10,20 m, Leergewicht 585 Kilogramm. Technisch spröde lautet die Bezeichnung gemäß der fortlaufenden Nummerierung aller Porsche-Konstruktionen und der ersten Ausbaustufe Sport 356/1. Selten setzt eine dreistellige Zahl bis heute so viele Emotionen frei. Sieben Tage später erhält der Roadster sein Kennzeichen zugeteilt. K-45 286 kennt heute jeder Porsche-Enthusiast.

Noch am gleichen Tag wird das Einzelstück an den Schweizer Rupprecht von Senger verkauft. Die Lieferung in die Schweiz soll erst später erfolgen. Der Geschäftsmann hatte die Finanzierung und den Import von Leichtmetallblechen für den Bau des Prototyps vermittelt. Die österreichischen Behörden verlangten dafür den Export des Wagens. Von Senger gibt den Sportwagen an den Züricher Finanzier, Hotelier und Autohändler Bernhard Blank weiter, der als Generalvertreter ab August 1948 den ersten Vertrieb von Porsche-Sportwagen in der Schweiz aufbaut.

2 ÖSTERREICHISCHE STEMPELMARKE 2 SCHILLING

Einzelgenehmigung

Prägestempel

Bescheid

An Porsche, Konstruktionen Ges.m.b.H.
Gmünd

Zl. 28-30/48.

Prüf.-Nr. 4328

1. Das ~~(Der)~~ von Ihnen vorgeführte, nachstehend beschriebene Kraftfahrzeug ~~(Anhänger)~~ wurde am 8. Juni 1948 gemäß dem Kraftfahrgesetz 1937, B. G. Bl. Nr. 29/1937, in der Fassung 1946, geprüft und genehmigt. Es ~~(Er)~~ entspricht (~~unter Berücksichtigung der in diesem Bescheid niedergelegten Einschränkungen~~)* den Vorschriften der Kraftfahrverordnung 1937, in der Fassung 1947. Gemäß § 29, Absatz 3, der Kraftfahrverordnung muß jede beabsichtigte Änderung an diesem genehmigten Fahrzeuge der nach dem Standort des Fahrzeuges zuständigen Landesbehörde zur Entscheidung angezeigt werden.

2. **Besondere Bedingungen:**

keine

3. Name und Wohnort des Erzeugers des Fahrgestelles und des Aufbaues:

Porsche Konstruktionen Ges.m.b.H. Gmünd, Kärnten

Motor: Volkswagenwerke Fallersleben

4. Firmenmäßige Typenbezeichnung des Fahrgestelles:

Sport 356/1

* Nichtzutreffendes streichen.

St. Dr. Lager-Nr. 777. — Österreichische Staatsdruckerei, Verlag. (St.) 742 47

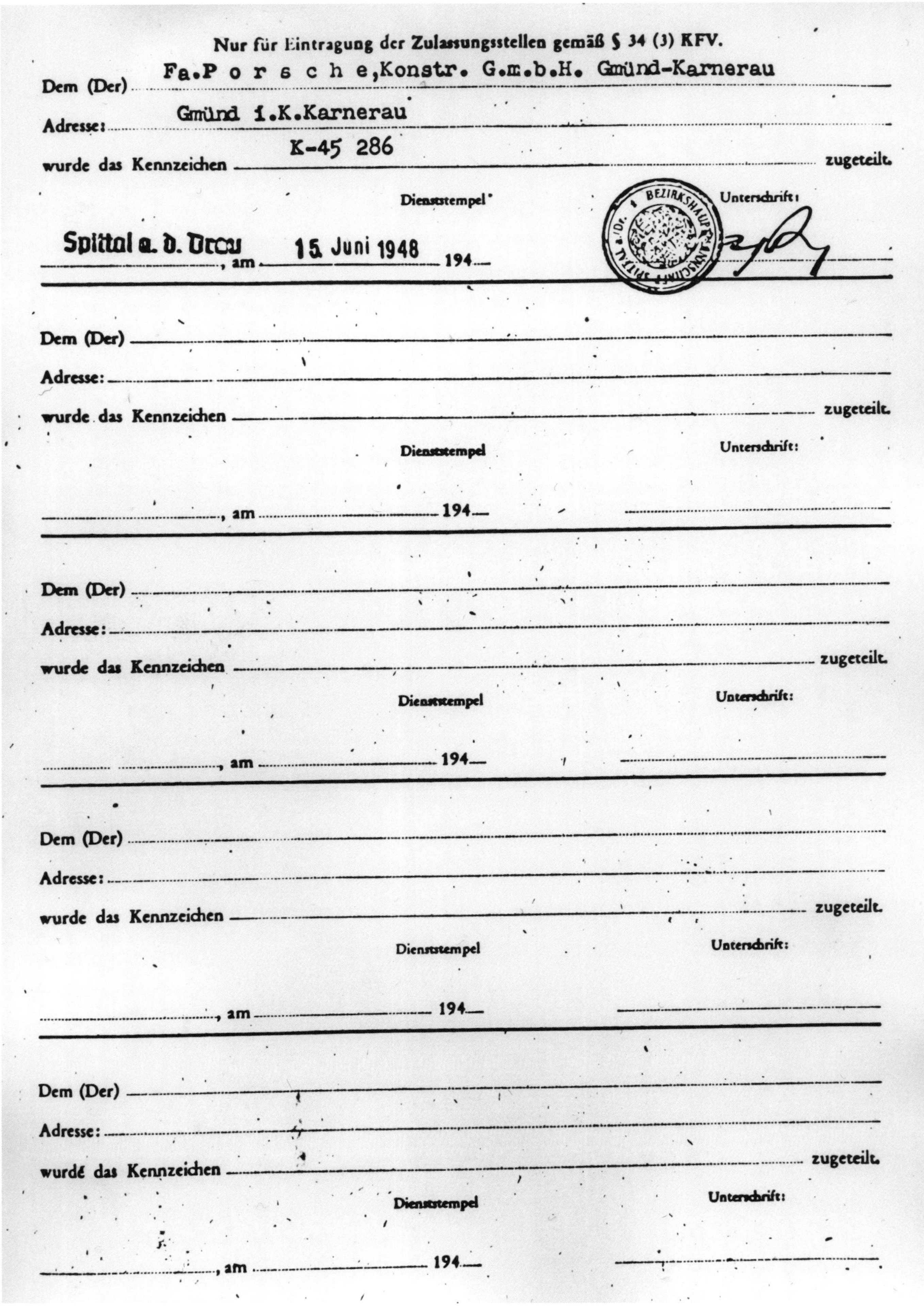
Nur für Eintragung der Zulassungsstellen gemäß § 34 (3) KFV.

Dem (Der) Fa.P o r s c h e,Konstr. G.m.b.H. Gmünd-Karnerau

Adresse: Gmünd i.K.Karnerau

wurde das Kennzeichen K-45 286 zugeteilt.

Dienststempel Unterschrift:

Spittal a. d. Drau, am 15 Juni 1948 194…

Dem (Der) ……

Adresse: ……

wurde das Kennzeichen …… zugeteilt.

Dienststempel Unterschrift:

……, am …… 194…

Dem (Der) ……

Adresse: ……

wurde das Kennzeichen …… zugeteilt.

Dienststempel Unterschrift:

……, am …… 194…

Dem (Der) ……

Adresse: ……

wurde das Kennzeichen …… zugeteilt.

Dienststempel Unterschrift:

……, am …… 194…

Dem (Der) ……

Adresse: ……

wurde das Kennzeichen …… zugeteilt.

Dienststempel Unterschrift:

……, am …… 194…

Bei nicht mit Luftreifen versehenen Fahrzeugen: Raddrücke auf 1 cm Reifenbreite im beladenen Zustand, bezogen auf die Breite der Auflagefläche des Reifens auf der Felge	vorne .... kg/cm hinten .... kg/cm
Radstand in Millimetern Spurweite in Millimetern Kleinster fahrbarer Kreis in Metern	2150 mm a) vorne 1290 mm b) hinten 1250 mm 10.2 m
Größte Länge „ Breite „ Höhe	3860 mm 1670 mm 1250 mm
Wesentliche Abweichung von den üblichen Bauarten	k e i n e

6. Das in dem unten angeschlossenen Lichtbild dargestellte Kraftfahrzeug ist bei Einhaltung der in vorstehendem Bescheid unter Punkt 2 enthaltenen besonderen Bedingungen und bei Übereinstimmung mit den im Punkt 5 angeführten technischen Angaben für den Verkehr auf Straßen geeignet.

Rechtsmittelbelehrung:
Gegen diesen Bescheid kann binnen zwei Wochen nach Zustellung bei der Behörde, die ihn erlassen hat, Berufung eingebracht werden.

Klagenfurt, am 8. Juni 1948

Für den Landeshauptmann:

Amt der Kärntner Landesregierung VI Landesbaudirektion

Anlage: Lichtbild des Fahrzeuges 9 × 12 cm.

Bezirkshauptmannschaft Spittal a./Dr.

452

K

286

Nr. 8/2529

Anmeldebestätigung

Es wird Ihnen hiermit bestätigt, daß Sie im Sinne der Verordnung Nr. 802 der englischen Militärregierung folgendes angemeldet haben:

1. 1 Kfz. (PKW, LKW, Krad, Omnibusse etc.) Marke Sport 356/1

Fahrgestell Nr.: 356 001 Motor-Nr.: 356-2-034969

2. Kraftfahrzeugersatzteile und Bereifungen: /

3. Treibstoffe und Öle: /

Anschrift des Melders: Fa. Porsche, Konstruktionen Ges.m.b.H.

wohnhaft in: Gmünd, Karnerau

Datum: 15.6.1948.

B. H.

DRUCK STADLER VILLACH 506146

Der Porsche 356 „Nr. 1" Roadster

1948

Gmünd

Eine Woche nach Erteilung der Betriebserlaubnis erhält Porsche die von der britischen Militärregierung verlangte Anmeldebestätigung. Laut der Verordnung 802 müssen im Nachkriegs-Österreich alle Kraftfahrzeuge – einschließlich fahruntüchtiger Wracks – unabhängig von der Zulassung zum Straßenverkehr registriert werden.

K45·286

Kennzeichen. Die charakteristischen Schlitze
e versorgen den Motor mit Prozess- und Kühlluft.
täbe, die bis heute typisch für die Design-DNA
er Kotflügel, V-förmige Front- und Heckdeckel,
lermaske.

K
45286

K·45·286

PORSCHE
K 45-286

vegen des hoch bauenden Gitterrohrrahmens etwas
er grundsätzlichen Unterschiede zum fast zeitgleich
Seriensportwagen mit flacherem Blechrahmen und
ieur: Einfach und zweckmäßig. Durchgehende Sitz-
ehnen für Zwei. Tachometer, drei Schalter für Licht,

Der Porsche 356 „Nr. 1“ Roadster **1948** **Gmünd**

Der Mittelmotor mit 1131 ccm Hubraum, noch mit einem Vergaser. Übernommen aus dem Volkswagen und durch erhöhte Verdichtung – von 5,8:1 auf 7,0:1 – und optimierten Gaswechsel auf 26 kW (35 PS) gesteigert. Der Tank ist unter die Fronthaube gewandert, das Reserverad ins Heck und die Batterie hinter den Motor.

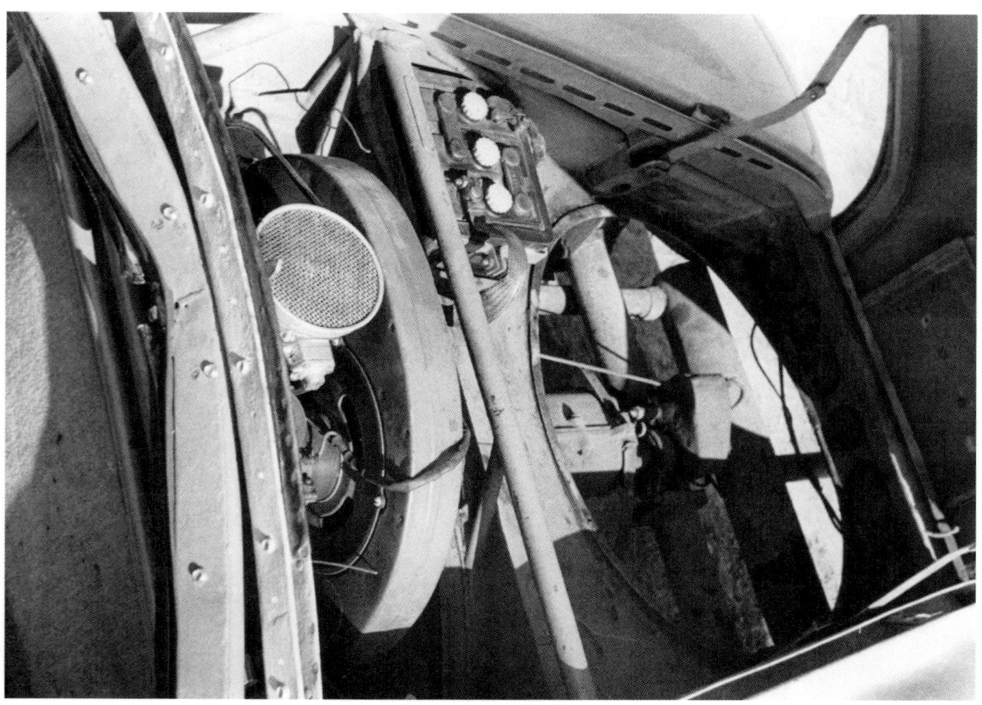

26 kW / 35 PS

Die erste große Fahrt des Roadsters führt ab Freitag, dem 26. Juni 1948, mit Konstrukteur Erwin Komenda am Steuer zu Präsentationen vor Geschäftspartnern, Interessenten, Investoren und Journalisten in die Schweiz. In Zürich posiert er vor der Kulisse der berühmten Rentenanstalt. Am 3. und 4. Juli 1948 macht der Sportwagen in Bern Station. Im Vorfeld des Schweizer Grand Prix nutzen zwei ausgewählte Journalisten die Möglichkeit, den Roadster auf der Bremgarten-Rennstrecke ausgiebig zu testen. Nach dem Umbau auf zwei Solex-Fallstromvergasern wird die Leistung jetzt mit 40 PS angegeben. Der Sportwagen kann auf dem Rundkurs voll und ganz überzeugen, die Experten loben den Zweisitzer einhellig. Es ist der erste Schritt der Marke Porsche auf dem Weg zum international renommierten Sportwagenhersteller.

45-286

- 7 -

11.11. Louisl aus Italien gekommen. Zurück nach Zell am See.
8.12. Ing. Altenberg, der in Zell am See war, nach Gmünd versetzt.
29.12. Ing. Fürlinger vom VW-Werk hier. Gebe ihm DM 3oo,-- für Tante Else.

1948

8. 5. Aus Dyjon telegraphische Nachricht, dass gegen Prof. Porsche u. Dr. Piech politisch nichts mehr vorliegt.
25. 5. Herr Dusio (Autofabrikant aus Turin) hier.(CIS Italia Sportwagen)
27. 5. Karl Schnabl, Ossi Hinterstein u. Richard Redlein aus Wr. Neustadt mit 2 Motorrädern auf Besuch gekommen.
3o. 5. Louisl u. ich per VW-Cabrio nach Feldkirch. Louisl fährt allein über Schweiz nach Frankreich.(Feldkirch Hotel Hecht)
31. 5. Dr. Piéch u. Louisl kommen per VW-Limousine u. wir fahren an die Schweizer Grenze (Diepoltsau) und zurück nach Zell am See.
12. 6. In Maria Wörth Taufe von Philipp Kaes. Gilain seit etwa 5 Monaten mit Familie im Haus Porsche in Unterdellach.
1o. 7. Mit neuem Porsche-Prototyp(Typ 356,Mittelmotor-offener Zweisitzer) nach Innsbruck.
11. 7. Fahre Stadtrennen mit dem Porsche mit. Erstes Rennen in Österreich nach dem Krieg.
26. 9. Mit Louisl per VW-Kommandeurwagen (Vierrad-Antrieb u. Fünfganggetriebe, wie Typ 166) über Glockner-Lienz nach Brixen.(Hotel Elefant)
27. 9. Mit Heiss jun., Sohn des Besitzers vom Hotel Elefant u. noch 3 Herren auf den Berg Plose. Erstes Auto auf der Plose! Heute Aussichtsstrasse.
28. 9. Fahre allein nach Meran wo Dr. Prinzing mit Familie lebt u. zurück nach Brixen.(Auftrag von Ferry Porsche)
29. 9. Nach Bozen u. zurück nach Zell am See.
23.11. Mit Louisl, Dr. Piéch u. Kommenda per VW nach Zürich.
24.-27.11. Überprüfe die von uns in die Schweiz gelieferten Porschewagen Typ 356, die hier für Vorführungen noch etwas modifiziert werden. (Fa. Beutler)
28.11. Louisl nach Paris. Fahre zurück nach Zell am See.
1o.12. Unser Werkstattbetrieb abgebrannt. Schaden etwa Sch 25o.ooo,--.

1949

8. 1. Mit Dr. Piéch in Salzburg. Verhandlungen mit Herren der Landesregierung wegen mieten des Motorparkes in Salzburg-Morzg, Alpenstr. km 5 und Übernahme des dortigen Werkstattbetriebes. (Motorpark Ge.m.b.H.)
1. 2. Die Fa. Porsche Ges.mb.H. mietet einen Teil des Motorparkes in der Alpenstrasse u. übernimmt zugleich einige Arbeiter, Angestellte u. Einrichtungen. Porsche verlagert von Zell am See nach Salzburg.
3. 2. Habe Leitung des Betriebes u. wohne vorläufig im Hotel Schwarzes Rössl. Im Betrieb erfolgt Instandsetzung von allen KFZ-Typen, auch amerik. Autos. Laufende Verlagerung der Werkstatt von Zell am See nach Salzburg. 6 Lastwagen mit Anhänger waren zur Übersiedlung erforderlich.
28. 2. Voller Beginn der Arbeiten im Betrieb Alpenstrasse.
5. 3. Erste Vorführung des Porsche Typ 356 in Salzburg mit Reportage durch den Rundfunk.(Sender Rot-Weiss-Rot) Im Österreichischen Radio abends 18,45 Uhr Wiedergabe.
13./14.3. Per Zug nach Zürich. Überprüfe die für Autosalon zur Ausstellung vorgesehenen Porschewagen Typ 356.
15. 3. Mit Porsche Typ 356-Cabrio nach Genf.
16.-26.3. Eröffnung Autosalon Genf. Fahre bei Autocorso. Ausgestellt sind:

- 8 -

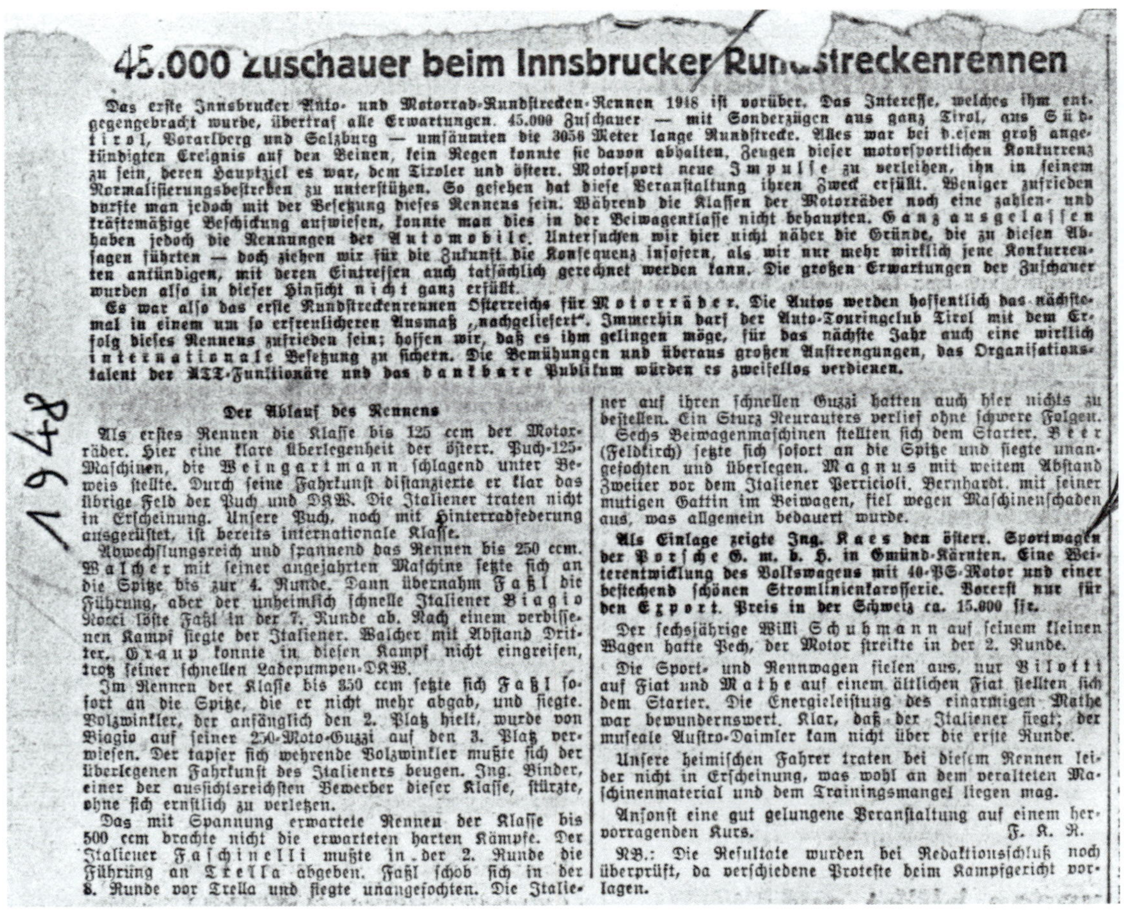

45.000 Zuschauer beim Innsbrucker Rundstreckenrennen

Das erste Innsbrucker Auto- und Motorrad-Rundstrecken-Rennen 1948 ist vorüber. Das Interesse, welches ihm entgegengebracht wurde, übertraf alle Erwartungen. 45.000 Zuschauer — mit Sonderzügen aus ganz Tirol, aus Südtirol, Vorarlberg und Salzburg — umsäumten die 3056 Meter lange Rundstrecke. Alles war bei diesem groß angekündigten Ereignis auf den Beinen, kein Regen konnte sie davon abhalten, Zeugen dieser motorsportlichen Konkurrenz zu sein, deren Hauptziel es war, dem Tiroler und österr. Motorsport neue Impulse zu verleihen, ihn in seinem Normalisierungsbestreben zu unterstützen. So gesehen hat diese Veranstaltung ihren Zweck erfüllt. Weniger zufrieden durfte man jedoch mit der Besetzung dieses Rennens sein. Während die Klassen der Motorräder noch eine zahlen- und kräftemäßige Beschickung aufwiesen, konnte man dies in der Beiwagenklasse nicht behaupten. Ganz ausgelassen haben jedoch die Nennungen der Automobile. Untersuchen wir hier nicht näher die Gründe, die zu diesen Absagen führten — doch ziehen wir für die Zukunft die Konsequenz insofern, als wir nur mehr wirklich jene Konkurrenten ankündigen, mit deren Eintreffen auch tatsächlich gerechnet werden kann. Die großen Erwartungen der Zuschauer wurden also in dieser Hinsicht nicht ganz erfüllt.

Es war also das erste Rundstreckenrennen Österreichs für Motorräder. Die Autos werden hoffentlich das nächstemal in einem um so erfreulicheren Ausmaß „nachgeliefert". Immerhin darf der Auto-Touringclub Tirol mit dem Erfolg dieses Rennens zufrieden sein; hoffen wir, daß es ihm gelingen möge, für das nächste Jahr auch eine wirklich internationale Besetzung zu sichern. Die Bemühungen und überaus großen Anstrengungen, das Organisationstalent der ATT-Funktionäre und das dankbare Publikum würden es zweifellos verdienen.

1948

Der Ablauf des Rennens

Als erstes Rennen die Klasse bis 125 ccm der Motorräder. Hier eine klare Überlegenheit der österr. Puch-125-Maschinen, die Weingartmann schlagend unter Beweis stellte. Durch seine Fahrkunst distanzierte er klar das übrige Feld der Puch und DKW. Die Italiener traten nicht in Erscheinung. Unsere Puch, noch mit Hinterradfederung ausgerüstet, ist bereits internationale Klasse.

Abwechslungsreich und spannend das Rennen bis 250 ccm. Walcher mit seiner angejahrten Maschine setzte sich an die Spitze bis zur 4. Runde. Dann übernahm Faßl die Führung, aber der unheimlich schnelle Italiener Biagio Rocci löste Faßl in der 7. Runde ab. Nach einem verbissenen Kampf siegte der Italiener. Walcher mit Abstand Dritter. Graup konnte in diesen Kampf nicht eingreifen, trotz seiner schnellen Ladepumpen-DKW.

Im Rennen der Klasse bis 350 ccm setzte sich Faßl sofort an die Spitze, die er nicht mehr abgab, und siegte. Volzwinkler, der anfänglich den 2. Platz hielt, wurde von Biagio auf seiner 250-Moto-Guzzi auf den 3. Platz verwiesen. Der tapfer sich wehrende Volzwinkler mußte sich der überlegenen Fahrkunst des Italieners beugen. Ing. Binder, einer der aussichtsreichsten Bewerber dieser Klasse, stürzte, ohne sich ernstlich zu verletzen.

Das mit Spannung erwartete Rennen der Klasse bis 500 ccm brachte nicht die erwarteten harten Kämpfe. Der Italiener Faschinelli mußte in der 2. Runde die Führung an Trella abgeben. Faßl schob sich in der 8. Runde vor Trella und siegte unangefochten. Die Italiener auf ihren schnellen Guzzi hatten auch hier nichts zu bestellen. Ein Sturz Neurauters verlief ohne schwere Folgen.

Sechs Beiwagenmaschinen stellten sich dem Starter. Beer (Feldkirch) setzte sich sofort an die Spitze und siegte unangefochten und überlegen. Magnus mit weitem Abstand Zweiter vor dem Italiener Perricioli. Bernhardt, mit seiner mutigen Gattin im Beiwagen, fiel wegen Maschinenschaden aus, was allgemein bedauert wurde.

Als Einlage zeigte Ing. Kaes den österr. Sportwagen der Porsche G. m. b. H. in Gmünd-Kärnten. Eine Weiterentwicklung des Volkswagens mit 40-PS-Motor und einer bestechend schönen Stromlinienkarosserie. Vorerst nur für den Export. Preis in der Schweiz ca. 15.000 sfr.

Der sechsjährige Willi Schuhmann auf seinem kleinen Wagen hatte Pech, der Motor streikte in der 2. Runde.

Die Sport- und Rennwagen fielen aus, nur Bilotti auf Fiat und Mathe auf einem ältlichen Fiat stellten sich dem Starter. Die Energieleistung des einarmigen Mathe war bewundernswert. Klar, daß der Italiener siegt; der museale Austro-Daimler kam nicht über die erste Runde.

Unsere heimischen Fahrer traten bei diesem Rennen leider nicht in Erscheinung, was wohl an dem veralteten Maschinenmaterial und dem Trainingsmangel liegen mag.

Ansonst eine gut gelungene Veranstaltung auf einem hervorragenden Kurs.

F. K. R.

NB.: Die Resultate wurden bei Redaktionsschluß noch überprüft, da verschiedene Proteste beim Kampfgericht vorlagen.

Der erste Auftritt des 356 „Nr. 1" – vor Publikum – wieder bei einem Rennen: Am 11. Juli 1948 startet Herbert Kaes, ein Neffe von Ferdinand Porsche, zu einer Demonstrationsrunde beim Wettbewerb „Rund um den Hofgarten" in Innsbruck.

Folgende Doppelseite: **Der Roadster mit Herbert Kaes am Steuer an Start und Ziel des Hofgartenrennens. Das Interesse des Publikums an dem neuen Sportwagen ist erkennbar gewaltig.**

RENNLEITUNG
K 45-286

In Erwartung
Start

Der österreichische Rennfahrer und Unternehmer Otto Mathé widmet in seinem Fotoalbum dem Start des 356 Roadsters beim Rennen in Innsbruck drei Bilder auf einer Doppelseite. Links ist im unteren Bild ein Ausschnitt des Interieurs zu sehen. Der rechten Seite gibt er das Motto "Traum der Zukunft": Zwei Bilder zeigen den 356 Nummer 1 Roadster mit Herbert Kaes am Steuer, ein weiteres den geschlossenen Porsche Typ 64. Diesen sogenannten Berlin-Rom-Wagen kauft Mathé 1949 und startet damit seine Karriere als Autorennfahrer.

Der Motorsport

Erfreuliche Nachrichten aus dem Kärtnerland

Der Sportwagen par Excellence!

Automobil-Revue

Porsche 356, ein neuer Heckmotor-Sportwagen

Der jüngste Spross eines grossen Namens!

Mannheimer Morgen

Konstruktion in Anlehnung an den bekannten Auto-Union-Rennwagen

Der neue österreichische Volkswagen!

Automobil-Revue vom 7.7.1948

Der offene Zweisitzer, der hier abgebildet ist, war Gegenstand unseres Kurztestes. Die Serienausführung wird eine geschlossene Stromlinienkarosserie mit 2 Sitzen erhalten, deren Vorderteil ähnliche Linien besitzt wie der Prototyp. Die Räder sind mit hübschen Aluminiumscheiben abgedeckt.

Der jüngste Spross eines grossen Namens

Porsche 356, ein neuer Heckmotor-Sportwagen

Manchmal ist einem der Zufall günstig gesinnt. Die ausführliche Beschreibung des Volkswagens in dieser Nummer hatte uns insofern einige Bauchschmerzen verursacht, als wir voraussahen, dass sich das Kontingent sportlicher Fahrer bestimmt sofort nach den Möglichkeiten erkundigen würde, aus dem so fahrsicheren Volkswagen ein schnelles Fahrzeug zu entwickeln. Solche Anfragen gehen uns periodisch zu, seitdem man wieder von diesem Wagen spricht, und wir haben nur ungern unsere Fragesteller mit Ausflüchten hingezogen. Heute dürfen wir sagen, weshalb wir eher davon abgeraten haben, selbst am Volkswagen herumzudoktern.

Es wird nämlich nicht notwendig sein, dass sich die sportbegeisterten Amateure hinter das Frisieren des Volkswagens machen. Derjenige, der dies am besten kann, wird dafür sorgen, dass ein solches Fahrzeug in Bälde lieferbar ist, nämlich Professor Porsche selbst. Vor kurzem hat die Porsche-Konstruktionen-GmbH., die in Gmünd (Kärnten), der britischen Zone Oesterreichs, ihre Zelte aufgeschlagen hat und wo neben Prof. Porsche und seinem Sohn viele seiner Helfer, unter anderem der unseren Lesern wohlbekannte Professor Robert Eberan von Eberhorst, arbeiten, die Versuchsfahrten mit dem Prototyp eines neu geschaffenen Sportwagens der Typenbezeichnung 356 mit so gutem Erfolg abgeschlossen, dass man nunmehr an den Serienbau dieses Fahrzeugs denken durfte.

Bei diesem Wagen, der aus dem Volkswagen abgeleitet worden ist, sind auch die reichen Erfahrungen von Porsche und seinem Stab verwendet worden, die diese Equipe beim Bau der Auto-Union-Rennwagen sammeln konnte. Mit geringfügigen Aenderungen entsprechen Motor, Kraftübertragung sowie die Aufhängungen aller vier Räder der im Volkswagen angewendeten Lösung. Grundsätzlich neu ist der ausserordentlich torsionssteife Rahmen mit seitlichen Kastenträgern und durchgehenden Bogen entwickelt worden und dazu passend auch eine aerodynamisch günstige Karosserie in Form eines zweisitzigen Coupés. Für Porsche stellt diese Konstruktion keine vollständige Neuerung dar, da er schon vor dem Krieg aus dem Volkswagen eine ähnliche Variante entwickelt hatte.

Das Aussehen des Porsche-Sportwagens ist vom Heckmotor bestimmt. Unter der vorderen Haube liegen Reserverad und Batterie.

Der neue Wagen wird vorerst nur als geschlossenes Stromliniencoupé hergestellt. Er besitzt neben zwei sehr reichlich dimensionierten Plätzen einen grossgehaltenen Kofferraum unter Dach, der auch als Sitzplatz für eine dritte erwachsene Person oder zwei Kinder ausgebaut werden kann. Die Karosserie ist noch nicht so weit entwickelt, um hier schon im Bild festgehalten zu werden; immerhin können wir jetzt schon verraten, dass sie in ihrer niedrigen, gestreckten Form den Beifall des Liebhabers eines sportlichen Stromlinienfahrzeugs finden wird. Sie ist in Handarbeit aus Aluminiumblech hergestellt und bildet mit dem geschweissten Stahlblechkastenrahmen eine ausserordentlich biege- und verwindungssteife Einheit.

Der Motortriebblock entspricht in Konstruktion und Anordnung weitgehend dem Original-Volkswagenmotor. Er besitzt zwei Solex-Fallstromvergaser mit einer etwas grösser dimensionierten Ansaugleitung. Das Hubvolumen ist durch Reduktion des Kurbelzapfendurchmessers und damit des Hubes so reduziert, dass der Wagen, was für sportliche Betätigung wichtig sein wird, gerade noch in die Klasse bis zu 1,1 Liter hineinpasst. Das Triebwerk wurde nicht übermässig hoch gezüchtet, indessen konnte die Bremsleistung von 26,5 PS bei 3000 T/min auf etwa 40 PS bei 4000 T/min gesteigert werden, was einer Literleistung von rund 36,5 PS/Liter entspricht.

Vom Aussehen des Wagens und von seinen reichlichen Innenabmessungen würde man kaum auf die äusserst bescheidenen Dimensionen schliessen. Tatsächlich sind sie wie folgt festgelegt: Radstand 210 cm, Spurweite vorn 125 cm, hinten 129 cm, Länge 387 cm, Breite 167 cm, Gesamthöhe des beladenen Stromliniencoupés 126,5 cm. Der ausserordentlich tiefe Schwerpunkt gibt dem Wagen zusammen mit der Pendelhinterachse des Volkswagens und der Porsche-Vorderachse mit Längs-

Das Instrumentenbrett enthält nur die wichtigsten Armaturen, die aber übersichtlich angeordnet sind. Der Fahrer hat eine ausgezeichnete Sicht nach allen Seiten. Das geräumige Innere lässt sich auf diesem Bild gut erkennen.

schwinghebeln und Torsionsstäben sowie hydraulischen Schwingungsdämpfern gute Fahreigenschaften. Zum Ausgleich des Heckmotors und seines Einflusses auf die Lage des Schwerpunkts sind das Reserverad, der 50 Liter fassende Benzintank sowie die Batterie unter der vorderen, aufklappbaren Haube untergebracht. Die Bodenfreiheit ist mit 20 cm grösser als das entsprechende Mass viel höherer Wagen. Der mit Reifen 5.00/16 ausgerüstete Wagen wird leer rund 550 kg wiegen, was einem Leistungsgewicht von etwa 13,8 kg pro PS entspricht. Bei einer Zulast von zwei Personen, 30 kg Gepäck sowie vollem Benzinbehälter lauten die entsprechenden Ziffern 770 kg, bzw. 19,2 kg pro PS. In diesem Zustand beträgt die Gnwichtsverteilung 44 % auf die Vorder- und 56 % auf die Hinterachse. Nach den Angaben des Werkes soll die Maschine leicht auf eine Höchstgeschwindigkeit von 140 km/h kommen und die steilsten Alpenstrassen bis zu 30 % Steigung noch im 2. Gang befahren können.

Kurztest mit dem Prototyp.

Als Versuchswagen hat Porsche einen zweisitzigen offenen Sportwagen gebaut, den uns der Auftraggeber dieses Typs, der Zürcher R. von Senger, freundlicherweise letzte Woche für eine kurze Probefahrt zur Verfügung stellte. Mitten in der Atmosphäre des sich mit Riesenschritten nähernden Grand Prix jagten wir die Maschine um die Rundstrecke von Bremgarten und fassten in kürzester Zeit volles Vertrauen zu ihr. So stellt man sich tatsächlich die Fahreigenschaften eines modernen Wagens vor, der die Vorzüge moderner Aufhängesysteme und ihres guten Fahrkomfort mit der zähen Bodenhaftung eines ebenso modernen, niedrigen und handlichen Sportwagens vereint. Obwohl noch nicht bis ins letzte den kommenden Serienwagen entsprechend, liess der offene Zweisitzer, dessen ungewöhnliche Form erklärlicherweise überall Aufsehen erregte, doch erkennen, dass er dank seines günstigen Leistungsgewichtes nicht nur als Wagen für den täglichen Gebrauch des Sportfahrers, sondern auch für die Teilnahme an sportlichen Veranstaltungen ein ideales Gefährt bildet. In den Gängen dürfte er ohne weiteres 40, 70 und 100 km/h erreichen und im 4. Gang mit 110 bis 120 km/h längere Fahrten, geeignete Strassen vorausgesetzt, zurücklegen können. Er ist in engen Kurven handlich und stabil, hält aber auch in langgezogenen, raschen Strassenkrümmungen den gewünschten Kurs genau inne. Strassenunebenheiten imponieren ihm nur wenig.

Blick auf den Treibblock, ein dem Volkswagen ähnliches Aggregat. Beim Prototyp liegt der Motor vor der Hinterachse und das Getriebe hinter ihr; in der Serie wird der Block umgekehrt eingebaut, wobei sich der Gepäckraum entsprechend vergrössert.

Für den ersten Vorgeschmack mögen diese wenigen Zeilen genügen. Es ist gute Aussicht vorhanden, dass über den Porsche-Sportwagen bald Näheres gesagt werden kann, dass in wenigen Monaten die ersten Fahrzeuge geliefert werden sollen und ihr Preis erschwinglich sein wird. « Tester »

Auto Touring vom 7.7.1948

Der neue Porsche-Sportwagen ist ein geräumiger Zweisitzer-Innenlenker mit einem sehr reichlich bemessenen Kofferraum, der notfalls noch Kindern oder einer erwachsenen Person Platz bietet. Die Karosserie ist aus Aluminiumblech in Handarbeit hergestellt und mit dem aus Stahlblech geschweißten Kastenrahmen zu einer außerordentlich biege- und verwindungssteifen Einheit vereinigt. Das Reserverad und der 50 Liter fassende Brennstoffbehälter sind unter der vorderen Haube untergebracht, welche aufklappbar ist. Der besonders tiefe Schwerpunkt verleiht dem Fahrzeug im Verein mit der bewährten Pendelhinterachse des Volkswagens und der Porsche-Schwinghebel-Vorderachse mit Torsionsfederung und hydraulischer Schwingungsdämpfung eine hervorragende Straßenlage. Die Stromlinien-Karosserie hat eine Gesamthöhe von nur 1265 mm bei einer Bodenfreiheit von 200 mm. Die Länge des Fahrzeuges beträgt 3870 mm, seine Gesamtbreite 1670 mm. Die Spurweite ist vorne (1250 mm) etwas kleiner als rückwärts (1290 mm), der Radstand beträgt 2100 mm. Als Bereifung kommt serienmäßig die Dimension 5.00 × 16 zur Lieferung. Mit zwei Personen, 30 kg Gepäck und vollem Benzintank, kommt das Fahrzeug auf ein Gesamtgewicht von nur 770 kg, wovon 44% auf die Vorderachse und 56% auf die Hinterachse entfallen.

Der Motor ist eine nur wenig vom Original-Volkswagenmotor abweichende Variante. Er hat zwei Solex-Fallstromvergaser mit einem etwas abgeändertem Sauganlagesystem. Der Motor entwickelt bei einer Drehzahl von 4000 U/Min. eine Leistung von zirka 40 PS und verleiht dem Fahrzeug eine Spitzengeschwindigkeit von 140 km/h. Dank des recht günstigen Leistungsgewichtes, sind die schwierigsten Steigungen unserer Alpenstraßen, wie beispielsweise der Katschberg, noch mit dem zweiten Gang befahrbar.

139

21

Die Neue Zeit vom 20.7.1948

»DIE NEUE ZEIT« Dienstag, den 20. Juli 1948

„NZ"-Besuch bei Professor Porsche in Gmünd

Ein Kärntner Industriewerk im Werden

Konstruktionen, die in der ganzen Welt gefragt sind — Der Porsche-Sportwagen „Typ 356"

Nicht lange ist es her, daß Gmünd seinen 700. Geburtstag feierte. Dieses alte, idyllische Städtchen Kärntens ist nun die junge Herberge eines Betriebes geworden, der den Namen Gmünd schon weit über unsere Grenzen hinaus hat bekanntwerden lassen. Es ist die Firma Porsche, Konstruktionen, GmbH.

In der ersten Nachkriegszeit hatte es der Betrieb sehr schwer. Sein Wirken beschränkte sich zwangsläufig auf reine Konstruktionen, und das gar ohne Versuchswagen. Lediglich die Herstellung von Ersatzteilen für landwirtschaftliche Maschinen war möglich. Und doch wurde die Existenz des kleinen Unternehmens immer wieder diskutiert. Prof. Porsche stellt eben in der einschlägigen Fachwelt eine Persönlichkeit dar, die, wenn sie auch in aller Stille und in beschränktem Rahmen in der Abgeschiedenheit wirkt, nicht übersehen wird.

Ein hoffnungsvoller Anfang

Trotzdem: der gute Anfang einer hoffnungsvollen Entwicklung ist gemacht. Eine Belegschaft von 250 Mann arbeitet heute bereits im Porsche-Betrieb. Zum Teil sind es alte, fachlich bewährte Mitarbeiter; neue, umgeschulte heimische Kräfte kamen dazu. Von der ausschließlichen Konstruktion ist man bereits beim Serienbau angekommen. Erstklassige Erzeugnisse werden von hier in die Welt gehen, die unserem Lande alle Ehre machen werden.

Das letzte Erzeugnis der Firma Porsche, Konstruktionen GmbH. in Gmünd ist der Sportwagen „Typ 356". Prof. Porsche hat erst kürzlich die Probefahrten mit seinem Versuchswagen abgeschlossen. Das Resultat war äußerst zufriedenstellend, so daß sich der Konstrukteur entschlossen hat, eine kleine Serie dieser Wagen aufzulegen.

In unseren Bergen erprobt

Der neue Sportwagen, „Typ 356", ist ein robustes Gebrauchsfahrzeug, daß zahlreichen Erprobungen auf den schwierigsten Alpenstraßen (Katschberg, Turracher Höhe, Radstätter Tauern) ausgesetzt wurde. Die Konstruktion ist in Anlehnung an den bekannten Auto-Union-Heckmotor-Rennwagen entstanden, der auch dem Volkswagen Pate stand. Der Motor und das Fahrwerk sind mit geringfügigen Änderungen dem Volkswagen entnommen; grundsätzlich neu ist der Rahmen in Verbindung mit einer nach ärodynamischen Gesichtspunkten entwickelten, geschlossenen Stromlinien-Karosserie.

Die technischen Daten

Der neue Porsche-Sportwagen ist ein geräumiger Zweisitzer-Innenlenker mit einem sehr reichlich bemessenen Kofferraum, der notfalls noch Kindern oder einer erwachsenen Person Platz bietet. Das Reserverad und der 50 Liter fassende Brennstoffbehälter sind unter der vorderen Haube untergebracht. Der besonders tiefe Schwerpunkt verleiht dem Fahrzeug mit der bewährten Pendelhinterachse des Volkswagens und der Porsche-Schwinghebel-Vorderachse mit Torsionsfederung und hydraulischer Schwingungsdämpfung eine hervorragende Straßenlage. Mit zwei Personen, 30 Kilogramm Gepäck und vollem Benzintank kommt das Fahrzeug auf ein Gesamtgewicht von nur 770 Kilogramm.

Der Motor ist eine nur wenig vom Original-Volkswagenmotor abweichende Variante. Er hat zwei Solex-Fallstromvergaser mit einem etwas abgeänderten Saugsystem. Der Motor entwickelt bei einer Drehzahl von 4000 Umdrehungen je Minute eine Leistung von etwa 40 PS und verleiht dem Fahrzeug leicht eine Spitzengeschwindigkeit von 140 Stundenkilometern. Dank des recht günstigen Leistungsgewichtes sind die schwierigsten Steigungen unserer Alpenstraßen, wie beispielsweise der Katschberg (30 Prozent Steigung), noch mit dem zweiten Gang befahrbar.

Die Schweiz als Abnehmer

Der neue „Typ 356" wurde von der Schweiz in Auftrag gegeben, und zwar als Veredlungsauftrag, das heißt die Schweiz liefert das Material, während die Konstruktion in Österreich erfolgt. Die Firma Porsche, Konstruktionen GmbH. hat sich selbstverständlich zum Ziel gesetzt, die neue Autokonstruktion, sobald es die Rohstofflage zuläßt, auch für Österreich zu bauen.

Die Firma Porsche, ein Entwicklungsbetrieb seit jeher, der auch den Auto-Union-Rennwagen, den Volkswagen und verschiedene Lastwagentypen konstruierte, ist in ganz Europa heute das einzige Unternehmen, das Konstruktionen der verschiedensten Autofirmen aller Länder — auch in Übersee — tätigt. Es handelt sich also um den Export eines geistigen Gutes, der Österreich wichtige Devisen einbringt. Martin Rosam.

Soforthilfe für unser Theater

Mittel, die die Wiedereröffnung des Theaters im Herbst ermöglichen sollen

Bei einer gestern in Salzburg im Schloß „Mirabell" stattgefundenen Sitzung des Kulturausschusses des Österreichischen Städtebundes, an der die Vertreter aller österreichischen Städte teilnahmen, die ein Theater führen, wurden auch

sofort einzuleitende Schritte beschlossen, die zur Wiedereröffnung des Klagenfurter Stadttheaters beizutragen geeignet sind.

Das auf dieser Sitzung eingesetzte Wiener Sekretariat wird unverzüglich bei dem zuständigen Bundesministerium, aber auch beim britischen Hochkommissar in Wien auf die Dringlichkeit der Erledigung der Schadenersatzforderungen hinweisen, die die Stadt Klagenfurt wegen der Inanspruchnahme des Klagenfurter Stadttheaters durch die Besatzungsmacht erhoben hat.

Vor allem wird der Städtebund beim Bundesministerium für Finanzen energisch dafür eintreten, daß diese Ersatzforderung der Stadt Klagenfurt vom Bund

mit einer solchen Summe bevorschußt wird, die die Wiederaufnahme des Theaterbetriebes im Herbst möglich macht.

Diese Forderung wurde bisher nur durch eine unzureichende Teilzahlung — bekanntlich 100.000 Schilling — berücksichtigt. Mit dieser Teilzahlung wurde jedenfalls der Anspruch der Stadt als berechtigt anerkannt.

Außer diesen Schritten wurde beschlossen, die Bildung eines österreichischen Kulturfonds zu verlangen, durch den notleidende Landes- und Stadttheater unterstützt werden sollen.

Ernst Arnold, der bekannte Wiener Humorist, erfreute dieser Tage die Besucher der Adler-Gaststätten in Klagenfurt mit seinen launigen Vorträgen, wobei er aus der reichen Fülle des Zeitgeschehens eine Reihe solcher Dinge auf seine Art persiflierte und karikierte, bei denen der Österreicher nicht weiß, soll er darob weinen oder lachen; weinen, ob des ihnen innewohnenden Unverstandes, oder lachen, ob der Dummheit, mit der sie sich uns in der heutigen Zeit präsentieren. Die Gäste spendeten dem Künstler reichen Beifall.

Höchstleistungen im Erkrankungsfall

Begünstigte Behandlung der Inhaber von sogenannten §·4·Bescheinigungen

Im Sender Klagenfurt sprach am Freitag der Direktor der Gebietskrankenkasse für Kärnten Valentin Just, über die Heilfürsorge nach dem Opferfürsorgegesetz. Seinen Ausführungen entnehmen wir folgendes:

Nach den Bestimmungen des Gesetzes vom [illegible] Juli 1947 über die Fürsorge für die Opfer [illegible]es Kampfes um ein freies, demokratisches [Ö]sterreich und die Opfer politischer Verfol[gu]ng haben alle Krankenkassen den Inhabern [d]er Amtsbescheinigung in Erkrankungsfällen [di]e satzungsmäßigen Höchstleistungen zu ge[w]ähren. Versicherungspflichtige oder freiwil[li]g Krankenversicherte erhalten die Leistungen von der Kasse, bei der sie versichert sind, für nichtversicherte Inhaber der Amtsbescheinigung ist die Gebietskrankenkasse zuständig, in deren Wirkungsbereich der Anspruchsberechtigte seinen Wohnsitz hat. Heilfürsorge [illegible] dem Inhaber der Amtsbescheinigung alles zu verstehen, was die Kasse nach Gesetz und Satzung als Krankenunterstützung leistet: Krankenpflege oder Krankengeld oder beides zusammen oder eine Ersatzleistung wie die Krankenhauspflege, Hausgeld, Taschengeld usw.

Es würde zu weit führen, auf die Ausführungen des Vortragenden über die Leistungen im einzelnen einzugehen. Festgestellt sei, daß beim Bundesministerium für soziale Verwaltung eine Kommission gebildet ist, die neben der Beratung mit der Überwachung des Opferfürsorgegesetzes in seinen Auswirkungen betraut ist. Sie entscheidet auch über die Gewährung von Leistungen, die über die satzungsmäßigen Höchstleistungen hinausgehen, während die Entscheidung über die Zuerkennung von Renten der Landesfürsorgeopfer-

Der Porsche-Sportwagen

Das erste österreichische Nachkriegs-Personenautomobil

von Max Troesch, P.-D. ETH, Zürich

In Gmünd (Kärnten), am Südfuße des Katschberges, hat sich Prof. Dr. Porsche nach dem Kriege ein Konstruktionsbüro und eine Fabrik eingerichtet. Vom Büro wußte man seit einiger Zeit, daß Dr. Porsche dort mit seinem Mitarbeiterstab für « Cisitalia » einen 1½- und einen 2-Liter-Rennwagen konstruierte. Es sind beides im Wagenheck angeordnete 12-Zylinder-Boxermotoren. Die erwähnte Fabrik baute bis dahin vor allem nach einer Porsche-Konstruktion Seilbahnen für die österreichische Land- und Forstwirtschaft.

Das neuste Produkt von Dr. Porsche ist nun *ein Sportwagen*, der seinen Namen trägt. In Anbetracht der gegenwärtigen Verhältnisse in Österreich ist es noch nicht möglich, einen Personenwagen von Grund auf dort herzustellen; deshalb behilft man sich damit, den Triebblock und die Vorderfederung des Volkswagens zu verwenden. Die Konstruktion ist somit ganz von Porsche, die Fabrikation der besagten Gruppen vom Volkswagenwerk und das Chassis und die Karosserie von der Fabrik in Gmünd. Ein großer Teil des Materials für die Karosserie wird aus der Schweiz bezogen.

Beim Porsche-Sportwagen sind typische Konstruktionsmerkmale seiner Vorgänger, des Auto-Union-Rennwagens und des Volkswagens, vereint. Gleich nach Ankunft des Prototyps in der Schweiz hatte ich Gelegenheit, dieses interessante Fahrzeug auf Überland- und Stadtfahrten kennen zu lernen, und ich konnte feststellen, daß es nicht nur rasch ist, sondern auch sehr komfortabel und vor allem fast unglaublich stabil. Wie das Bild zeigt, ist dieser Prototyp als offener Zweisitzer gebaut worden. Die Serie ist jedoch mit Kupee-Karosserien in Arbeit; die Hauptlinien werden dieselben sein. Diese Linien zeigen eine glückliche Kombination von italienischem Stil mit Ideen von Dr. Porsches Wiener Karossier, Erwin *Komenda*. Die Linienführung der Kotflügel wirkt trotz der Pontonform nicht schwer. Die Haube zwischen den vorderen Kotflügeln zeigt eine sympathische Rundung; sie ist nicht zu flach und gestattet trotzdem dem Fahrer freie Sicht auf die beiden vorderen Kotflügel. Die Motorhaube im Heck dagegen ist ziemlich flach gehalten; sie versinkt nach hinten langsam zwischen den Kotflügeln und umfaßt in der Mitte eine weniger geneigte Fläche für die Nummerntafel. Das Ganze wirkt durch klare, zweckmäßige Linienführung und durch sehr mäßige Verwendung von Chromstäben sehr harmonisch und windschlüpfig. Trotz der äußerst niedrigen Bauweise wurde durchgehend eine Bodenfreiheit von 20 cm erreicht. Bemerkenswert an dieser ganz mit Leichtmetallblech verkleideten Karosserie ist die Windscheibe. Sie ist keilförmig, stark geneigt und weist nur *einen* kräftigen, aber elegant verjüngten Mittelpfosten auf, der gleichzeitig zur Befestigung des Daches dient.

Die *Hauptmaße* des Serienwagens lauten: Höhe: 1265 mm; Breite: 1670 mm; Länge 3870 mm; Radstand: 2100 mm; Spurweite vorn: 1250 mm, hinten: 1290 mm. Durch seine geringe Höhe wirkt der Wagen breit und sehr lang.

Das Chassis wird als Blech-Kastenträger durchgebildet, wobei verschiedene Teile als Außenhaut dienen; es wird also keine Verkleidung mehr benötigt und dadurch Gewicht gespart. Eingehende Versuche haben bei geringstem Gewicht die nötige Steifigkeit erwiesen, wie sie für hohe Geschwindigkeiten auf schlechten Straßen unerläßlich ist. Im Heck des Chassis ist wie beim Volkswagen der luftgekühlte Motor eingebaut. Vorne sind die beiden Querrohre mit der genialen Porsche-Doppelkurbelfederung angeordnet, wie sie bei den Auto-Union-Rennwagen erstmals verwendet wurde. Der Chassisboden ist, abgesehen von den nötigen Verrippungen, ganz flach, was für die Windschlüp-

Photo: Ing. M. Troesch, ETH

Elegante und trotzdem unauffällige Linienführung sowie aerodynamisch günstige Formgebung sind die äußeren Kennzeichen des Porsche-Sportwagens.
Lignes élégantes et cependant sobres, forme aérodynamique avantageuse telles sont les particularités extérieures de la voiture de sport Porsche.

figkeit wichtig ist und zudem mit dem reichlichen Bodenabstand eine gewisse Gelände- und gute Schneegängigkeit gewährleistet.

Der Motor entspricht im großen und ganzen demjenigen des Volkswagens; er wird jedoch von der Porsche-Konstruktionen-GmbH. auf höhere Drehzahl und eine Leistung von rund 40 PS (bisher 25 PS) gebracht. Bei dem Hubraum von rund 1100 cm^3 entspricht dies einer Literleistung von 36,3 PS/l, was noch nicht übertrieben ist und einen zuverlässigen Betrieb garantieren dürfte. Die Mehrleistung gegenüber dem Originalmotor wird durch höhere Verdichtung, durch *zwei* Vergaser und durch erweiterte Einlaßkanäle erreicht. Motor, Getriebe und Hinterachse sind zusammengebaut und bilden einen Triebblock. Der luftgekühlte Motor besitzt vier Zylinder in Boxeranordnung. Die Ventilsteuerung erfolgt durch eine unten liegende Nokkenwelle über Stoßstangen und Kipphebel auf die parallel in den Köpfen angeordneten Ventile.

Zufolge der Boxerkonstruktion wird die Kurbelwelle kurz, sie ist trotzdem viermal gelagert und wird dadurch steif, um so mehr, als reichliche Zapfendurchmesser vorgesehen sind. Das Aluminium-Kurbelgehäuse ist mit der Ölwanne zusammengegossen und vertikal geteilt. Die vier einzelnen Grauguß-Zylinder sind identisch und mit feinen Kühlrippen versehen. Sie können sich ringsum frei ausdehnen, da je zwei mit einem Aluminium-Zylinderkopf und acht Bolzen auf das Kurbelgehäuse gespannt werden. Zylinderdichtungen sind nicht nötig. Ventilsitzringe und Kerzengewinde aus Spezialmaterialien sind in die Zylinderköpfe eingegossen. Um eine zuverlässige Wärmeabfuhr zu gewährleisten, sind die Zylinderköpfe mit sehr feinen Rippen versehen; eine Beschädigung im Wagen ist nicht möglich, da Köpfe und Zylinder mit besonders durchdachten Blechverschalungen ganz umhüllt sind. Diese Leitbleche führen die Kühlluft, von einem aerodynamisch durchkonstruierten Lüfterrad kommend, in richtiger Verteilung zu den entsprechenden Stellen und lassen sie hinten unter dem Wagen abströmen. Das Lüfterrad ist auf das Wellenende der Dynamo aufgekeilt; beide werden durch einen Gummikeilriemen angetrieben. Das Lüftergehäuse und die Kühlluftverschalungen der Zylinder geben dem ganzen Motor ein ungewohntes Aussehen, und da annähernd die Hälfte des Motors unter den Motorenraumboden verlegt ist, wirkt er sehr klein. Die zwei Vergaser sind mit kurzen, vertikalen Saugrohren direkt auf die Zylinderköpfe verschraubt. Benzinpumpe und Zündung sind ganz normal. Wie beim Volkswagenmotor, der dadurch autobahnfest wird, ist im Kühlluftstrom ein reichlich bemessener Ölkühler eingebaut. Bei kaltem, dickflüssigem Öl wird der Ölkühler durch ein Überdruckventil ausgeschaltet. Dadurch wird nicht nur ein Reißen des Kühlers bei unvernünftigem Kaltstart verhindert, sondern das Öl kommt außerdem rasch auf Betriebstemperatur.

Kupplung und Getriebe sind zusammen mit dem Differential zu einem Block vereint, wobei entgegen der üblichen Anordnung das Differential in der Mitte liegt. Dadurch wird der Überhang des Motors (Abstand von der Hinterachse) verkleinert und damit gleichfalls verhindert, daß das Wagenheck in den Kurven eine Tendenz zum Hinaustragen hat. Die Kupplung ist wie üblich mit einer Trockenplatte versehen, und das Getriebe besitzt vier Gänge. Vierter und dritter Gang sind durch Schrägverzahnung geräuscharm, aber nicht synchronisiert. Nach kurzer Übung lassen sich alle Gänge dank einer originellen Getriebekonstruktion rasch und leicht schalten .

Die Hinterachse ist als Pendelachse ausgebildet: die Hinterräder schwingen unabhängig voneinander an Halbachsen, die am Differentialgehäuse angelenkt sind. Dr. Porsche hat diese Bauart bereits bei «Steyr», «Wanderer», bei den ersten Auto-Union-Rennwagen und auch bei «Alfa-Romeo » erfolgreich angewendet. Die Verwendung langer Achsstreben, welche die Bremsplatten nach vorne am Chassis abstützen, sind für diese Konstruktionen charakteristisch. Sie sichern eine zuverlässige Aufhängung der Hinterräder, weil die große Stützbasis auch bei starken Federungsstößen und bei hohen Antriebs- und Bremskräften nur geringe Verlagerungen der Hinterräder zulassen.

Durch diese konstruktiven Maßnahmen wird der bemerkenswerte Geradlauf bis zu Renngeschwindigkeiten, selbst auf löcherigen Straßen, gewährleistet. Anderseits bewirkt die Pendelachse jene Querstabilität, die selbst bei Herumreißen des Wagens kein Hinauslehnen bedingt. Diese Querstabilität ist darauf zurückzuführen, daß die kurvenäußere Halbachse zufolge ihrer ausgesuchten Anlenkung an das Chassis ein aufrichtendes Drehmoment erzeugt, das demjenigen der Fliehkraft entgegengesetzt und proportional ist. Das vordere Ende der Achsstreben ist mit Torsions-Federstäben verbunden, und die Dämpfung erfolgt durch einfachwirkende, hydraulische Stoßdämpfer.

Lenkung und die Vorderfederung sind sorgfältig auf die Hinterfederung abgestimmt. Die patentierte Porsche-Doppelkurbelfederung führt die Vorderräder sehr zuverlässig und läßt sie ohne Spur- und Sturzveränderung nur in ihrer eigenen Ebene durchfedern. Daraus resultiert die äußerst präzise und leicht gehende Lenkung.

Die Fahreigenschaften dieses bemerkenswerten Fahrzeuges haben mich eigentlich nicht überrascht. Schon zwischen den beiden Kriegen habe ich als nächster Mitarbeiter Porsches die Genialität seiner Konstruktionen und seine Strenge bei ihrer Erprobung kennen gelernt. Mit unermüdlicher Zähigkeit regte er seine Konstrukteure zu Spitzenleistungen an, überwachte er die Tätigkeit der Versuchsingenieure und half er nötigenfalls unterwegs bei der Behebung von Störungen. Auf diese Weise ist kurz vor dem Kriege der Volkswagen entstanden. Seine Fahreigenschaften erstaunen jeden Kenner; der Porsche-Sportwagen stellt eine Weiterentwicklung des Volkswagens dar und bietet wohl das Maximum an Fahrsicherheit und Fahrkomfort eines leichten, schnellen Wagens. Die niedrige Schwerpunktlage im Verein mit den vorerwähnten Eigenarten der Radaufhängung und Lenkung bewirken dies. Dazu kommt noch eine weitere Eigenart des Heckmotorwagens: Der Fahrwind bläst das Motorgeräusch buchstäblich weg, so daß — wie die Erfahrung auch beim Volkswagen zeigt — der Motor kaum mehr hörbar ist, sobald man im vierten Gang fährt. Dadurch wirken sich schnelle Langstreckenfahrten auch akustisch nicht ermüdend aus.

Die ersten Kupees sollen bald zu einem sehr vernünftigen Preise in die Schweiz geliefert werden, und der Prototyp mit der offenen Karosserie wird ins Werk zurückgerufen werden, sobald er in der Schweiz seine Reverenz gemacht hat.

The Motor vom 21.7.1948

July 21, 1948. The Motor

THE NEW PORSCHE SPORTS CAR

A First Description Received from Max Troesch, M.S.A.E., Zurich

FEW names are more widely known in the automobile industry than that of Dr. Ing. Porsche. He was responsible for the highly successful Austro-Daimler cars before 1914, later joined Mercedes as chief engineer, then designed the rear-engined Auto Union racing cars from 1934-37, and was in charge of the design and experimental development of the K.d.F.—the German people's car or Volkswagen. It is perhaps remarkable that during over 40 years in the automobile industry the car that I am about to describe is the first to bear Porsche's name.

Constructed at Gmund, just south of Katschberg, where Porsche now has a small experimental department and factory, the prototype of the new sports car has just come into Switzerland and I was lucky enough to make a test run on it, a matter of particular interest for me as Porsche was my chief many years ago.

The general layout of the new car follows very much in the Porsche line and as Austria is not yet in a position to produce power units the new car employs the Volkswagen flat-four air-cooled engine and four-speed gearbox. This engine has been frequently described and characteristics are brought out in "The Motor" Road Test, No. 6/47, published on May 7, 1947, the bore and stroke being 75 by 64 mm., giving a capacity of 1,131 c.c. The valves are push-rod operated, but as used in the new car the induction system is considerably modified. Two downdraught Solex carburetters bolt on to special manifolds and the output is raised to 40 b.h.p. at 4,000 r.p.m.

At the front end of the car the suspension is, as one would expect, by a Porsche trailing-link system, whilst at the back the drive is split with the swing axle arrangement. This combination, in conjunction with the very small overhang and concentration of weight at the back, gives remarkably steady, straight running on bad roads, and, due to the raised roll centre at the rear of the car, plus the low centre of gravity, the car has really remarkable road holding, combined with a pleasant softness of springing and very light, accurate steering.

The chassis frame is a light and sturdy box section that is built up to embrace the floor and part of the body sides, but the actual panelling is in light alloy.

The prototype has an open body, but production models will be coupes with two wide seats and luggage space behind, the latter being sufficiently large to accommodate two children.

As will be seen from the photograph the lines of the car reflect a fortunate blend of Italian lines with the ideas of Porsche's Viennese body designer, and the use of air cooling makes it possible to secure a happy solution of the front-end problem. The whole car is very low, the total height of the coupe will be only 50 ins., the overall length 12 ft. 8 ins., and the maximum width 6 ft. 6 ins. The weight of the coupe body is estimated at 12 cwt. and the maximum speed as high as 87 m.p.h.

The sale price in Switzerland will be about 15,000 Swiss francs and it will thus be competitive with many imported cars, and certainly not excessively costly for a fast, high-quality sports car.

All enthusiasts both in Switzerland and elsewhere are bound to follow the fortunes of this new venture with great interest, and from my brief test run I feel sure that the car will live up to its famous name.

AUSTRIAN ADVENTURE.—Dr. Ing. Porsche is now working in his native land and has produced the first Austrian post-war car, a rear-engined sports model with high performance and good lines, which are clearly shown in these illustrations. The power unit is the flat-four 1,130 c.c. Volkswagen modified to develop 40 b.h.p. and the maximum speed is estimated as 87 m.p.h. The author of this article, Max Troesch, is seen standing by the new car in the lower photograph.

Der Motor - Sport, Köln, Heft 15 vom 14.8.48

„Der Motor-Sport"
Köln, Heft 15 v. 14.8.48

Ein neuer Porsche-Sportwagen

Heckansicht des formschönen Sportwagens mit Ferry Porsche am Steuer

Der Sportwagen par excellence

Bereits in Heft Nummer 13 berichteten wir darüber, daß Prof. Porsche in seiner österreichischen Heimat dabei ist, einen neuen Sportwagen zu bauen. Heute sind wir in der Lage, unseren Lesern dieses Fahrzeug im Bilde zu zeigen. Sie erkennen, daß es sich bei der neuen Porsche-Konstruktion um einen Sportwagen der bewährten alten klassischen Schule handelt, der also nicht so sehr den Entwicklungen unserer eigenen Sport-Rennwagen der letzten Jahre entspricht, sondern — getreu nach den Vorschriften des Anhangs C der internationalen Sportgesetze — ein Fahrzeug sein will, das in der Hand des wahrhaften Herrenfahrers höchsten Ansprüchen genügt. Will er damit in Kurzstreckenrennen antreten, so ist es ihm überlassen, sein Fahrzeug für diese besonderen Zwecke noch schneller zu machen.

Unseren Lesern sind die Entwicklungen, die deutsche Sportsleute in den letzten Jahren, ausgehend vom Volkswagen, betrieben haben, sehr wohl bekannt. Bei uns hat sich die Tendenz bemerkbar gemacht, Sportwagen zu entwickeln, die hinsichtlich ihres Aufbaus dem Vollstromlinienwagen sehr nahe kommen, ja, die sogar so weit gehen, daß sie als ausgesprochene Rekordfahrzeug-Karosserien angesehen werden können. Nun soll man bei Gott nicht glauben, daß Dr. Porsche etwa von der Stromlinie nichts verstände oder nichts davon halte. Das klare Gegenteil ist der Fall und seit nahezu 40 Jahren erwiesen. Denn Porsche war es, der bei der Prinz-Heinrich-Fahrt des Jahres 1910 seine große Chance darin sah, ein Fahrzeug mit möglichst geringem Luftwiderstand zu bauen. Der Erfolg blieb nicht aus: er belegte die drei ersten Plätze dieser Fahrt. Seine Konstruktionen der letzten 20 Jahre — wir erinnern an den Auto-Union-Rennwagen und an den Volkswagen — sind der beste Beweis dafür, daß er als Pionier der Stromlinie bezeichnet werden kann. Gerade deshalb ist seine neue Karosserie von ganz besonderem Interesse. Wir sind überzeugt, daß sie eine außerordentlich günstige Stromlinienform aufzuweisen hat.

Wenn Porsche ein solides, für zwei Personen berechnetes Fahrzeug baut, das notfalls auch noch eine dritte Person und in jedem Falle sehr viel Gepäck aufnehmen kann, so ging er hierbei von der Überlegung aus, daß es notwendig sei, zunächst einmal eine Grundkonstruktion für die Serie zu schaffen. Das Zweite, das Fitmachen für den ausgesprochenen Rennsport, ist eine andere Sache. Porsche hat schon vor dem Kriege einen Sportwagen aus dem Volkswagen entwickelt, der in jenen Jahren in der Umgegend von Stuttgart sehr oft gesehen wurde und wohl berufen schien, in der damals geplanten Fernfahrt Berlin — Rom eingesetzt zu werden. Dazu ist es dann nicht mehr gekommen. Immerhin liegen sehr wertvolle Erfahrungswerte vor, die heute genutzt werden können. Daß Porsche, der, wie wir wissen, mit seinem Konstruktionsbüro auch an den neuen Cisitalia-Wagen mitarbeitet, nunmehr seine Volkswagen-Konstruktion zum Ausgangspunkt seiner neuesten Arbeiten machte, ist nicht nur leicht verständlich, sondern überaus begrüßenswert. Es ist nun einmal so, daß wir im verarmten Europa nicht daran denken können, Sportfahrzeuge der großen Klasse zu bauen, die als ausgesprochene Luxusfahrzeuge anzusprechen wären, zudem in der Leistung nicht viel höher liegen, dabei aber sehr viel Brennstoff verbrauchen. Für uns Europäer wird die Wagenklasse zwischen 1 und 2 Liter auf viele Jahre hinaus die große Klasse sein, und wir haben ja schließlich bewiesen, daß wir in der Lage sind, aus dieser Klein- und Mittel-Klasse eine Menge herauszuholen. Wenn man heute über die deutschen Autobahnen fährt, dann kann man oftmals feststellen, daß der Volkswagen fast der schnellste Autobahnwagen ist, und auf kurvenreichen Strecken nimmt er es auf Grund seiner guten Straßenlage gut und gern auch mit pompös aussehenden Amerikanern auf. Wenn nun unser Volkswagenwerk im Augenblick nicht in der Lage ist, außer der serienmäßigen Limousine auch noch ein Sportfahrzeug zu bauen, so sind wir dem genialen Konstrukteur und Schöpfer dieses Wagens um so dankbarer, daß er in der Beschaulichkeit seines Heims am Wörther See Zeit und Muße genug gefunden hat, um dem europäischen Sport etwas zu bieten, was große Zukunft verspricht.

*

Nach diesen einleitenden Worten, die wir einem großen Namen schuldig waren, nunmehr einige technische Ausführungen, die wir einem Bericht des Porsche-Konstruktionsbüros entnehmen. Die Erprobungen mit dem neuen, von der Firma Porsche-Konstruktionen Gesellschaft m. b. H., Gmünd (Kärnten), geschaffenen Sportwagen, Typ 356, ergaben sehr befriedigende Resultate, so daß sich Porsche nunmehr entschlossen hat, eine kleine Serie dieser Fahrzeuge aufzulegen. Der neue Sportwagen Typ 356 ist ein robustes Gebrauchsfahrzeug, das zahlreichen Erprobungen auf den schwierigsten Alpenstraßen (Katschberg, Turracher Höhe, Radstätter Tauern) ausgesetzt wurde und auch verwöhnteren Ansprüchen hinsichtlich Fahrkomfort, Bergfreudigkeit, Beschleunigungsverhalten und Höchstgeschwindigkeit genügt. Die Konstruktion ist in Anlehnung an den bekannten Auto-Union-Heckmotor-Rennwagen entstanden, die auch dem Volkswagen Pate gestanden hat. Der Motor und das Fahrwerk sind mit geringfügigen Änderungen dem Volkswagen entnommen; grundsätzlich neu ist der Rahmen in Verbindung mit einer nach aerodynamischen Gesichtspunkten entwickelten geschlossenen Stromlinien-Karosserie.

Der neue Porsche-Sportwagen ist ein geräumiger Zweisitzer-Innenlenker mit einem sehr reichlich bemessenen Kofferraum, der notfalls noch Kindern oder einer erwachsenen Person Platz bietet. Die Karosserie ist aus Aluminium-Blech in Handarbeit hergestellt und mit dem aus Stahlblech geschweißten Kastenrahmen zu einer außerordentlich biege- und verwindungssteifen Einheit vereinigt. Das Reserverad und der 50 Liter fassende Brennstoffbehälter sind unter der vorderen Haube untergebracht, die aufklappbar ist. Die besonders tiefe Schwerpunktlage verleiht dem Fahrzeug im Verein mit der bewährten Pendel-Hinterachse des Volkswagens und der Porsche-Schwinghebel-Vorderachse mit Torsionsfederung und hydraulischer Schwingungsdämpfung eine ganz hervorragende Straßenlage. Die Stromlinien-Karosserie hat eine Gesamthöhe von nur 1265 mm, bei einer Bodenfreiheit von 200 mm. Die Länge des Fahrzeugs über alles beträgt 3870 mm, seine Gesamtbreite 1670 mm. Die Spurweite ist vorn (1250 mm) etwas kleiner als hinten (1290 mm). Der Radstand beträgt 2100 mm. Der Wagen ist mit Bereifung der Größe 500 x 16 ausgerüstet. Mit zwei Personen, 30 kg Gepäck und vollem Benzintank kommt das Fahrzeug auf ein Gesamtgewicht von nur 770 kg, wovon 44 Prozent auf die Vorderachse und 56 Prozent auf die Hinterachse entfallen.

Der Motor ist eine nur wenig vom Original-Volkswagenmotor abweichende Variante. Er hat zwei Solex-Fallstrom-Vergaser mit einem etwas abgeänderten Saugsystem. Der Motor entwickelt bei einer Drehzahl von 4000 U/m eine Leistung von etwa 40 PS, womit das Fahrzeug leicht auf eine Spitzengeschwindigkeit von 140 km/st kommt. Infolge des außerordentlich günstigen Leistungsgewichts sind die schwierigsten Steigungen unserer Alpenstraßen, wie beispielsweise der Katschberg mit seiner 30prozentigen Steigung, noch mit dem zweiten Gang befahrbar.

Man darf wohl sagen: erfreuliche Nachrichten aus dem Kärtnerland. Es wird viele unter uns geben, die es gar nicht erwarten können, bis sie einmal Gelegenheit haben, dieses Fahrzeug zu fahren und zu besitzen! tz.

Der neue Porsche-Sportwagen

7

Wiener Illustrierte vom 21.8.1948

Mannheimer Morgen vom 6.11.1949

Mannheimer Morgen vom 6. XI. 48.

Seite 3

Der neue Porsche

Professor Porsche hat die Probefahrten mit einem neuen, von den Porsche-Konstruktionen-G.m.b.H in Gmünd (Kärnten) geschaffenen Sportwagen, Typ 356, abgeschlossen, wobei sich trotz starker Gebirgsbelastung auf langen Strecken so befriedigende Resultate ergaben, daß eine kleine Serie des neuen Porsche 356 aufgelegt wird.

Der Porsche 356 ist ein robustes Gebrauchsfahrzeug, dessen Konstruktion in Anlehnung an den bekannten Auto-Union-

Rennwagen-Heckmotor entstand, auf dem auch der Volkswagen basiert. Zum Unterschied von Versuchswagen (zweisitziger offener Sportwagen) wird der neue Wagen vorerst als geschlossenes Stromliniencoupé hergestellt. Die Karosserie ist Handarbeit aus Aluminiumblech mit geschweißtem Stahlblechkastenrahmen. Der Motortriebblock besitzt zwei Solex-Fallstromvergaser mit einer etwas größer dimensionierten Ansaugleitung. Das Hubvolumen ist durch Reduktion des Kurbelzapfendurchmessers und damit des Hubes so reduziert, daß der Wagen, was für sportliche Betätigung wichtig sein wird, gerade noch in die Klasse bis zu 1,1 Liter hineinpaßt. Das Triebwerk wurde nicht übermäßig hochgezüchtet, indessen konnte die Bremsleistung von 26,5 PS bei 3000 T min. auf etwa 40 PS bei 4000 T/min. gesteigert werden, was einer Literleistung von rund 36,5 PS Liter entspricht.

Nach den Angaben des Werkes soll die Maschine leicht auf eine Höchstgeschwindigkeit von 140 km/st kommen und die steilsten Alpenstraßen bis zu 30 Proz. Steigung noch im zweiten Gang befahren können. W. F.

Seite 6 DIE WOCHENPOST Samstag, 2. Oktober 1948

Das Auto des kleinen Mannes:

Billig, robust, bequem und sparsam

WOCHENPOST-Besuch bei Professor Porsche in Kärnten · Vom Elektromobil zum Stromlinienw gen

Als zu Beginn dieses Jahres ein niedriger, eleganter Sportwagen als erste Nachkriegskonstruktion seine Probefahrten auf den kurvenreichen Kärntner Bergstraßen begann, da hielten es die meisten, die diesen Wagen zum erstenmal sahen, für ausgeschlossen, daß diese neue Porschekonstruktion ein Erzeugnis des österreichischen Automobilbaues sei.

Dieses silbergraue Gefährt mit seiner Aluminiumkarosserie ist die neueste Schöpfung des Mannes, der mit dem Volkswagen bereits vor einem Jahrzehnt eine Revolution im Autobau hervorgerufen hatte. Es ist auch heute noch wenig bekannt, daß Professor Ferdinand Porsche der „Professor", wie er von seinen Mitarbeitern immer genannt wird, Oesterreicher ist und einen beträchtlichen Teil seines Lebens in österreichischen Autofabriken gearbeitet hat. Seine Konstruktionen bedeuteten jedes Mal einen Schritt nach vorwärts und waren fast immer geglückte Experimente. Porsche war ursprünglich nicht Maschinenbauer, sondern Elektroingenieur. Er ist auf dem Weg über den Armaturenbau sowie das Elektromobil der Jahrhundertwende zu einem der erfahrensten „Pferdestärkendompteure" geworden, die es heute überhaupt gibt. Seine erste Konstruktion, eben ein Elektromobil, das einmal die Sensation der Pariser Weltausstellung gewesen war, hat heute einen Ruheplatz im Technischen Museum in Wien gefunden. So seltsam sich dieses Gefährt heute auch ausnehmen mag — es führt ein gerader Weg von ihm bis zu den Stromlinienschöpfungen der letzten Jahre.

Dieser schnittige Wagen war der erste Vorläufer des heutigen Porsche-Sportwagens und ist bereits eine über zehn Jahre alte Konstruktion.

Der Volkswagen, der uns auf dem Bahnhof von Spittal erwartete, hatte eine mit einem Holzgasgenerator verzierte Schnauze. In rascher Fahrt brachte uns der „Holzkohlenfresser" zu den Anlagen einer ehemaligen Holzfabrik, die seit einigen Jahren der Sitz, Arbeits- und Versuchsplatz Porsches sowie seiner während des Krieges aus Stuttgart hier verlagerten Mitarbeiter ist.

In dem kleinen Büro, gleich neben dem Werkseingang, hatten wir Gelegenheit, uns mit mehreren engen Mitarbeitern Porsches zu unterhalten. „Ich glaube, es ist viel zu wenig bekannt", meinte dabei ein alter Werkmeister, der dem Professor schon seit über 40 Jahren von Werkstatt zu Werkstatt und Konstruktionsbüro zu Konstruktionsbüro gefolgt ist, „daß die Ideen und ersten Entwürfe zum Volkswagen noch aus dem Jahre 1931 stammen; ein Versuchsfahrzeug, das bereits die wesentlichsten Merkmale des heutigen Volkswagens aufwies, stand schon 1932 auf den Rädern." Professor Porsche war bereits vor dem Ersten Weltkrieg einer der bekanntesten Rennfahrer und Konstrukteure von Austro-Daimler, der damals größten österreichischen Autofabrik, deren Leitung er bis zum Jahre 1928 angehörte. Aus jener Zeit stammte auch der im Ersten Weltkrieg viel verwendete C-Zug, mit dem in der Armee der alten Monarchie die erste motorisierte Einheit, nämlich die 30,5-Mörserbatterie, ausgerüstet war. Von Daimler führte ihn dann sein Weg zu den Reißbrettern von Mercedes-Benz nach Untertürkheim und von hier wieder zurück nach Steyr. Im Jahre 1931 gründete er dann sein eigenes Entwicklungs- und Konstruktionsbüro in Stuttgart, das nicht nur die Geburtsstätte vieler Personen- sowie sämtlicher Auto-Union-Rennwagen der Vorkriegszeit, sondern auch die Wiege jenes Fahrzeuges war, das der Professor auch heute noch, nicht nur als sein bestes, sondern auch liebstes Kind betrachtet.

Wenn man in Gmünd von den Porsches spricht, so weiß jeder, wer unter dem „Professor" gemeint ist. Kommt jedoch die Rede auf den Ingenieur, so ist darunter sein Sohn Ferry Porsche zu verstehen. „Ich bin sozusagen mit dem Auto auf die Welt gekommen", erzählte uns dieser muntere lebhafte Dreißiger in einem längeren Gespräch, das allerdings immer wieder durch telephonische Anrufe unterbrochen wurde, „aber das ist ja schließlich bei diesem Vater kein Wunder, sondern nur Selbstverständlichkeit. Mit nicht einmal sechs Jahren saß ich zum ersten Male am Steuer und bin seitdem derselbe Autonarr wie mein Vater und alle unsere Mitarbeiter hier. Unsere Mutter ist die einzige in der Familie, die zwar gerne fährt, aber nicht selbst steuert. Von mir selbst kann ich wohl ohne allzu große Uebertreibung behaupten, daß es in Europa nur wenige Automarken und Modelle gibt, mit denen ich nicht eine Probefahrt unternommen hätte. So bin ich auch seit Kriegsende, allen Papier- und Reiseschwierigkeiten zum Trotz, mit meinem Volkswagenkabriolett in einem schönen Stück Europa herumgegondelt. Der kleine Wagen für den kleinen Mann war eigentlich schon immer das Steckenpferd meines Vaters, dem er mit jeder seiner neuen Konstruktionen einen Schritt näherzukommen versuchte. So begannen wir 1931 bereits mit dem Volkswagen. Die Karosserie in ihrer heutigen Form war, von Kleinigkeiten abgesehen, 1935 fix und fertig und hat trotzdem in Form und Aussehen nichts Altmodisches an sich."

In Gmünd macht man sich jedoch nicht nur über Volkswagen, die dort in gut einem Dutzend verschiedener Ausführungen und Modellen herumstehen, sondern über den Wagen der Zukunft überhaupt Gedanken. Nach der Auffassung der Porsche-Leute wäre es vollkommen verfehlt, den amerikanischen Wagen, der für ganz andere Straßen- und Lebensverhältnisse, aber auch für andere Entfernungen bestimmt ist, einfach kopieren und nach Europa verpflanzen zu wollen. Porsche selbst ist nach wie vor der Fanatiker des Kleinwagens, den er als den Wagen der Zukunft bezeichnet. „Billig, robust, bequem und sparsam", sind die Leitworte, unter denen nach seiner Ansicht der europäische Automobilbau seine Stellung behaupten und ausbauen kann.

In den letzten Jahren hat man in Gmünd allerdings die Pläne über den Wagen des kleinen Mannes resigniert von den Zeichenbrettern heruntergenommen und für eine fernere Zukunft in den Schrank gestellt. Nach Kriegsende galt es vor allem einmal für die rund 300 Facharbeiter und Konstrukteure zu sorgen, die, fast alle Oesterreicher, größtenteils schon seit vielen Jahren zu den Mitarbeitern und treuesten Helfern des Professors gehören. Mancher unter ihnen, wie etwa der Chefkonstrukteur, Ing. Rabe, arbeiten schon seit der Zeit vor dem Ersten Weltkrieg mit Porsche zusammen. Man sieht es diesem stillen Mann, der äußerlich alles eher als Techniker zu sein scheint, doch ein wenig an, daß er in seiner Freizeit ein begeisterter Pianist und Beethovenverehrer ist.

„Wir arbeiteten in den letzten Jahren eigentlich an drei großen Projekten", erzählt er uns, während er den als Aschenbecher dienenden Boden eines Automobilkolbens über den Tisch schiebt, „und haben in dieser Zeit aus dem Volkswagen unseren neuen Sportwagen entwickelt, der im Ausland bereits viele begeisterte Anhänger gefunden hat. So sollen wir bis Jahresende 150 Stück dieser Konstruktion, die alle in Handarbeit bei uns hier produziert werden, in die Schweiz liefern. So stellen wir zum Beispiel, da wir keine große Karosserienpresse besitzen, die einzelnen Teile über einem naturgetreuen Holzmodell her. Der Wagen selbst hat eine selbsttragende Chassis aus Stahlblech sowie einen normalen Heckmotor aus Fallersleben, den wir durch einige einfache Einbauten und Konstruktionsänderungen für die erhöhten Anforderungen zurechtfrisiert haben. Uns Oesterreichern erscheint der Preis des Wagens mit 15.000 Schweizer Franken allerdings zu hoch, aber da ein jetzt in England gebauter Sportwagen in Basel um 30.000 Franken angeboten wird, während italienische Firmen bis zu 50.000 Franken berechnen, sind wir leicht konkurrenzfähig. Es ist interessant, daß unser neuer Wagen bei seiner Höchstgeschwindigkeit bis zu 130 Kilometern infolge seiner Windschnittigkeit, Stromlinienform und seines geringen Gewichts im allgemeinen weniger Benzin braucht, als der gewöhnliche Volkswagen. Neben dieser unserer Hauptarbeit haben wir noch einen Rennwagen für die CIS.-Italia konstruiert, sowie verschiedene kleinere Modelle für ausländische Firmen entwickelt. Daneben ist die zweite Lieblingsidee des Professors der Kleintraktor, der übrigens auch mein Steckenpferd ist, nach wie vor aktuell. Ob und wann es allerdings möglich sein wird, ihn in Oesterreich auf Serie zu legen, läßt sich heute noch nicht sagen. Jedenfalls zeigt bereits eine ganze Reihe von ausländischen, besonders überseeischen Interessenten, lebhaftes Interesse für diese Konstruktion."

In immer neuen Probegalopps wird der neueste von Porsche konstruierte Rennwagen gegenwärtig in Italien von den Versuchsingenieuren zur Reife entwickelt, um dann schließlich Hans Stuck, dem einzigen erfahrenen Heckmotorspezialisten, zu den Versuchsfahrten auf der Rennbahn übergeben zu werden. (Zeichnungen: Walter Gotschke)

Das Porschewerk in Gmünd ist seinem Umfang nach zwar die kleinste, seiner Ausrüstung und Einrichtung nach aber wohl eine der leistungsfähigsten Autofabriken Europas. Es nimmt als Entwicklungs- und Forschungsstelle für den Kraftwagenbau und alle damit zusammenhängenden Probleme auf unserem Kontinent eine einzigartige Stellung ein.

Professor Porsche selbst, den wir in Bad Tellach am Wörthersee trafen, ist immer noch derselbe jung gebliebene Fanatiker seiner Arbeit, der selbst in seinen Musestunden immer wieder zu Reißbrett und Modell zurückkehrt, um hier die Lösung, die ihn gerade interessiert, zu erarbeiten. Wenn er sich heute auch mehr darauf beschränkt, Richtlinien und allgemeine Weisungen zu geben, so wissen seine Mitarbeiter doch, daß er eine Nase dafür hat, gerade dann aufzutauchen, wenn es irgendwelche Schwierigkeiten gibt. Für ihn hat die bis ins letzte gehende praktische Erprobung zeitlebens zu den selbstverständlichen Arbeitsvoraussetzungen gehört. Mancher unvorhergesehene Besucher hat ihn in irgendeiner Werkstatt in Monteuranzug mit dem Schraubenschlüssel in der Hand unter einem Wagen, auf dem Rücken liegend, angetroffen. Auch heute steckt er noch den ganzen Tag voller Anregungen und Ideen, die sich sowohl auf grundlegende Einfälle wie auf nebensächlich scheinende Kleinigkeiten erstrecken. Daß er neben dem Techniker und Praktiker immer wieder auch der Wissenschaftler und Forscher ist, ist wahrscheinlich das Geheimnis seiner Erfolge, die man eigentlich zahlenmäßig gar nicht richtig erfassen kann. Die von ihm im Laufe von fünf Jahrzehnten entwickelten Modelle und Typen gehen nicht in die Dutzende, sondern in die Hunderte und haben ihn zum anerkanntesten Renn- und Personenwagenkonstrukteur Europas gemacht.

Was in den letzten Jahren abseits der Oeffentlichkeit in den Büros und Werkstätten von Gmünd für die Weiterentwicklung des Automobilbaues geleistet wurde, wird sich wahrscheinlich erst im Laufe der nächsten Jahre zeigen. Die zahlreichen Anfragen und Angebote, die heute schon aus ganz Europa und darüber hinaus aus Uebersee fast jeden Tag einlaufen, zeigen jedoch, daß man in den internationalen Fachkreisen den Namen und die Leistung Professor Porsches nicht vergessen hat, sondern immer noch stärkstens daran interessiert ist, daß sein Traum vom kleinen Wagen des kleinen Mannes auch in Europa möglichst bald reale Wirklichkeit wird.

A. VODOPIVEC.

Professor Porsche bei einer Besprechung mit seinen Mitarbeitern.

Der Lichtblick

muß diesmal aus technischen Gründen leider entfallen

Der Porsche 356 „Nr. 1“ Roadster **1948** **Gmünd**

Faszination Porsche. Zu jeder Zeit und in jedem Alter. Unverändert.

Zeitlos modern: Das Design des Roadsters ist dem der Serienautomobile der Nachkriegsepoche weit voraus.

ESR 888
K 45·286

P
111248

314

Karl Rabe, Oberingenieur bei Porsche, fertigt 1948 zum 13. Geburtstag von Ferdinand Alexander „Butzi“ Porsche (links) ein Modellauto mit Motor. Er zeigt sein Geschenk voller Stolz seinem Großvater Ferdinand Porsche. Rechts sein Cousin Ferdinand Piëch.

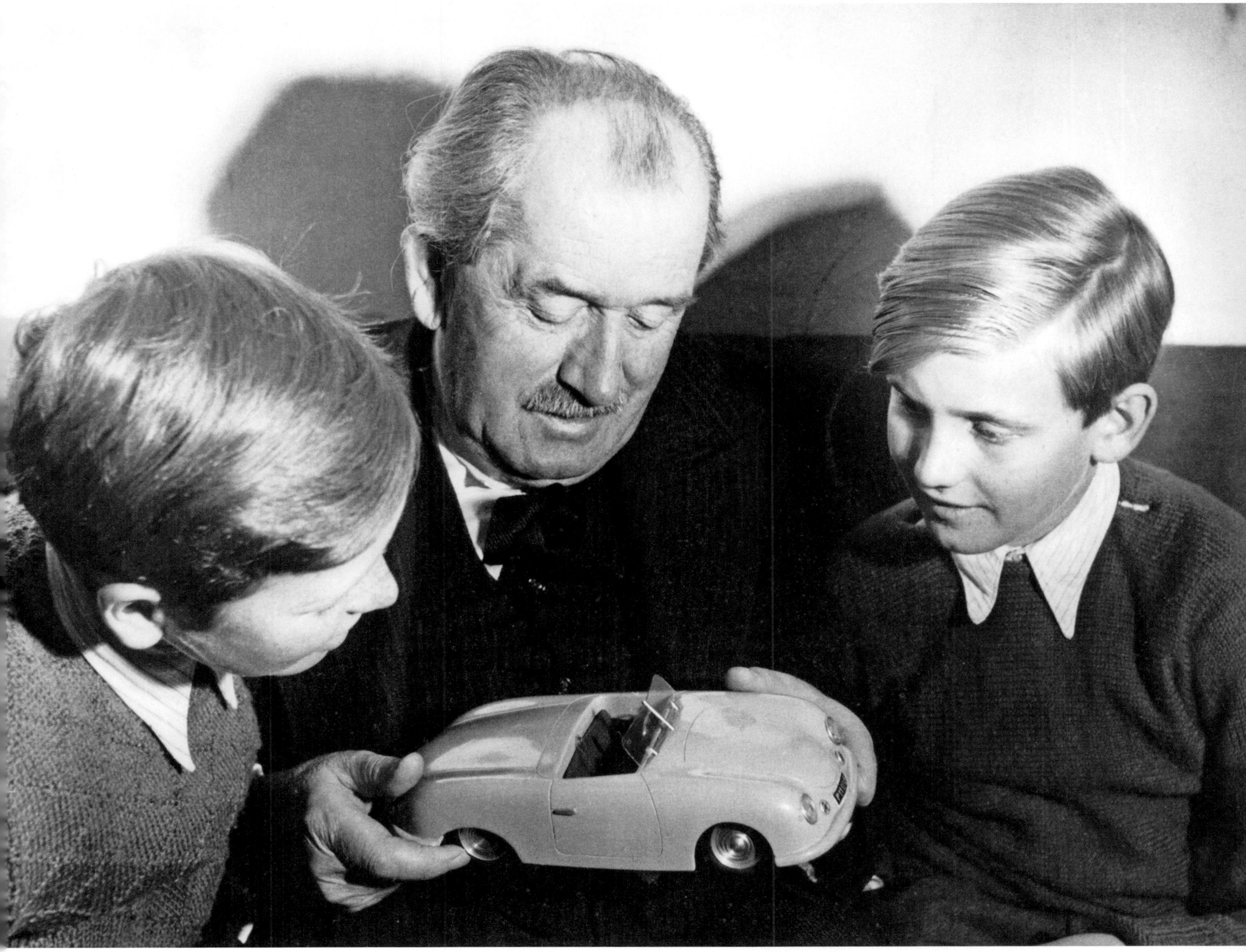

Der 356 „Nr. 1“ im Maßstab 1:14

Das Modell wird über einen Aufziehmotor mit Federantrieb bewegt. Die Vorderachse ist lenkbar. Innenausstattung und graue Lackierung ahmen bis ins Detail das Vorbild nach. Auf dem Nummernschild trägt Karl Rabe das Datum des Geburtstages von Butzi Porsche ein - 11.12.'48.

A
P
111248

A
P
111248

Ferdinand Porsche (links) und Konstrukteur Erwin Komenda begutachten den Roadster (oben). Für eine weitere Aufnahme gesellt sich der Initiator des Sportwagens Ferry Porsche dazu (rechts).

Vater und Sohn vor dem Erstlingswerk Ferry Porsches, dem 356 „Nr.1“ Roadster. Alle vier Fotografien auf dieser Doppelseite entstehen vor dem Privathaus von Ferdinand Porsche in Gmünd.

 1948 **Gmünd**

K 45·286

Der zweite jemals gebaute Porsche und erste Typ 356/2 mit dem Kennzeichen K 49.801 auf dem Porsche-Werksgelände in Gmünd / Kärnten vor dem ersten Porsche 356 „Nr. 1“ Roadster.

Familienausfahrt 1948: Das erste 356/2 Coupé mit Blechrahmen und Aluminiumkarosserie vor dem 356/1 Mittelmotor-Roadster.

Der Porsche 356 „Nr. 1“ Roadster 1948 Gmünd

Der 356 „Nr. 1“ dient in Gmünd als Versuchs- und Demonstrationsfahrzeug. Einer der häufigsten Fahrer ist Porsche Betriebsleiter Otto Husslein. Von Schonung kann dabei keine Rede sein: In der Erprobungsphase, noch vor der Fertigstellung der Karosserie, wird im April 1948 bei einer Versuchsfahrt zum Großglocknerpass der Rahmen im Heck deformiert. Die Besatzung: Ferry Porsche und sein Vater Ferdinand. Keinen Monat später hat Otto Husslein Pech und kommt mit Ausbeulungen am Heck zurück.

Otto Husslein präsentiert den Roadster in der malerischen Altstadt von Gmünd. Das Untere Stadttor aus dem 16. Jahrhundert ist bis heute als Durchfahrt erhalten.

K 45·286

Der Porsche 356 „Nr. 1" Roadster **1948** **Gmünd**

K 45·286

K 45·286

K
45286
A

Noch 1948 geht der 356 „Nr. 1“ in die Schweiz. Am 7. September erhält Porsche die Ausfuhrgenehmigung der österreichischen Behörden, am 10. September bestätigt der Schweizer Zoll die Einfuhr.

Über drei Monate sucht der neue Sportwagen seinen ersten privaten Besitzer. Er wird nur mit Händlerschildern gefahren, die für Fotoaufnahmen abgenommen werden. Schließlich geht der erste Porsche für 7.500 Schweizer Franken an Peter Kaiser. Am 16. Dezember 1948 absolviert der Prototyp die technische Prüfung, am 20. Dezember lässt ihn der in Zürich wohnhafte deutsche Architekt mit dem Kennzeichen ZH 20640 registrieren.

Auto Touring, die bis heute monatlich erscheinende Clubzeitschrift des Österreichischen Automobil-, Motorrad- und Touring Club (ÖAMTC), widmet dem Roadster im Mai 1949 eine Titelseite. Offenbar ist der Sportwagen mittlerweile mit einer neuen, hellgelben Lackierung unterwegs. Die Grafik stammt von dem namhaften Wiener Atelier Koszler, dem damals größten sogenannten Werbeatelier in Österreich.

ATELIER KOSZLER
Auto Touring
OFFIZIELLES ORGAN DES ÖSTERR. AUTOMOBIL-MOTORRAD- U. TOURING CLUBS
PORSCHE
3. JAHRGANG
NUMMER 5
MAI 1949

Der Porsche 356 „Nr. 1" Roadster 1949 Zürich

Im Frühjahr 1949 beginnen die Veränderungen: Kaiser lässt die Seilzugbremsen durch ein hydraulisches System ersetzen. Und er entfernt den Porsche Schriftzug auf der Fronthaube, gruppiert die Buchstaben zu dem Phantasienamen „PESCO" um. Kaiser erklärt später in einem Interview, er habe sich über die mangelnde Werksunterstützung bei der Instandhaltung des Roadsters geärgert und keine Werbung für Porsche machen wollen.

Bereits im Sommer 1949 trennt sich Peter Kaiser von dem anspruchsvollen Prototyp. Als nächster Besitzer lässt Augustin Schneider den Roadster am 26. Juli mit dem Kontrollschild ZH 45316 zu. Schneider, vermutlich ein Autohändler, findet keinen neuen Käufer und gibt den Porsche kein halbes Jahr später an Peter Kaiser zurück. Wieder mit dem vorherigen Kennzeichen ZH 20640 bleibt er jetzt für eineinhalb Jahre im Besitz des Erstkäufers.

Als Kaiser den Roadster für 5.000 Franken an einen Autohändler abgibt, folgt ein lebhafter Besitzerwechsel. Zunächst erwirbt ihn die Schauspielerin und Artistin Elisabeth Spielhofer, die den Roadster mit dem neuen Kennzeichen ZH 57961 am 14. Juli 1951 registrieren lässt.

Sie fährt ihn bis ins folgende Frühjahr und gibt ihn dann an Walter Hasler weiter. Ab dem 13. März hat das Einzelstück für rund drei Monate in Dübendorf nahe Zürich – jetzt mit dem Kontrollschild ZH 55528 – seine Heimat. Schon am 17. Juni 1952 übernimmt die Lebedame Rosemarie Muff den auffälligen Sportwagen, der für sie unter dem Kennzeichen ZH 63094 zugelassen ist. Sie bezahlt angeblich 10.000 Franken für den 356 „Nr. 1“ und fährt damit bis nach Spanien und zurück.

Bereits am 1. Dezember 1952 erhält der Roadster den nächsten Besitzer und mit ZH 25883 das nächste Kennzeichen. Diesmal erwirbt ihn der Diplom-Ingenieur Hermann Schulthess für 3.000 Franken.

Der passionierte Sportwagenfahrer, mit Erstbesitzer Peter Kaiser eng befreundet, kennt die Schwachstellen des Prototyps und macht Antrieb und Bremsen wieder konkurrenzfähig.

Schulthess lässt die Technik zum Jahresende 1952 bei Porsche in Zuffenhausen umfangreich aufrüsten. Als Antrieb wählt der neue Besitzer das derzeit stärkste Serientriebwerk des 356, einen 1500 S-Motor mit 51 kW (70 PS) Leistung – exakt doppelt soviel wie der ursprüngliche Vierzylinder. Dazu kommen den höheren Fahrleistungen entsprechend größere Bremsen.

Vermutlich während dieses Werksaufenthalts entsteht eine kleine Fotoserie mit dem 356 „Nr. 1“ Roadster im Mittelpunkt, aufgenommen am Rand der Autobahn 81 zwischen Zuffenhausen und Ludwigsburg. Eines dieser Bilder, auf denen der Roadster ein deutsches Kurzzeit-Kennzeichen trägt, erscheint später in der Porsche Kundenzeitschrift „Christophorus“. Da es auf der farbig gedruckten Umschlagseite des Magazins veröffentlicht wird, ist es als einziges Foto dieser Serie nachkoloriert.

Dem Zeitgeist folgend verzichtet Schulthess auf die Stoßfänger und montiert modernere Räder des Porsche 356 Seriensportwagens, um dem Mittelmotor-Roadster einen noch sportlicheren Look zu verpassen. Schulthess und seine Frau haben viel Spaß mit dem Sportwagen und präsentieren ihn im Sommer 1953 als „Siebensitzer".

1953

Schweiz

Der Porsche 356 „Nr. 1" Roadster 1953 Schweiz

1953 verändert sich der 356 „Nr. 1“ weiter. Bei einem Auffahrunfall am Großglockner werden Front und Heck stark deformiert. Hermann Schulthess lässt den Roadster bei der Reparatur umbauen. Das Einzelstück verlässt die Werkstatt im Stil des Porsche Rennwagens, den der Frankfurter Walter Glöckler konstruiert hat und der dem späteren 550 Spyder ähnelt. Front und Radausschnitte werden runder. Ein zusätzlicher Lufteinlass in der Motorhaube, die jetzt bis zur unteren Karosseriekante reicht, versorgt die beiden Doppelvergaser des 1,5-Liter-Motors mit Prozessluft.

Die schmale Heckblende entfällt dadurch. Auch die markanten Heckleuchten machen je zwei einfachen runden Rückleuchten Platz. Statt der durchgehenden Sitzbank verfügt der Roadster jetzt über zwei Einzelsitze. Zusätzliche Drehverschlüsse hinter den Sitzen und Druckknöpfe auf den Türbrüstungen ermöglichen es jetzt, eine schützende Persenning über den Innenraum zu spannen. Das Armaturenbrett umfasst nun Tachometer und Drehzahlmesser. Vermutlich lässt Hermann Schulthess den Roadster umlackieren und wählt wieder einen silbernen Farbton.

Auf dem Porsche-Treffen im österreichischen Gmünd präsentiert Hermann Schulthess schließlich den umgebauten Roadster. Der modernisierte Sportwagen erregt mit seiner neuen Karosserie auch die Aufmerksamkeit von Louise Piëch (auf der Beifahrerseite), der Schwester von Ferry Porsche.

Mit dem technisch und optisch modernisierten Roadster geht Evi Schulthess, die Ehefrau des Besitzers, 1953 auf Tour. Im Misox, auf der Südseite der San Bernardino-Passstraße, trifft sie einen der ersten Porsche 356, die 1951 in Stuttgart entstanden.

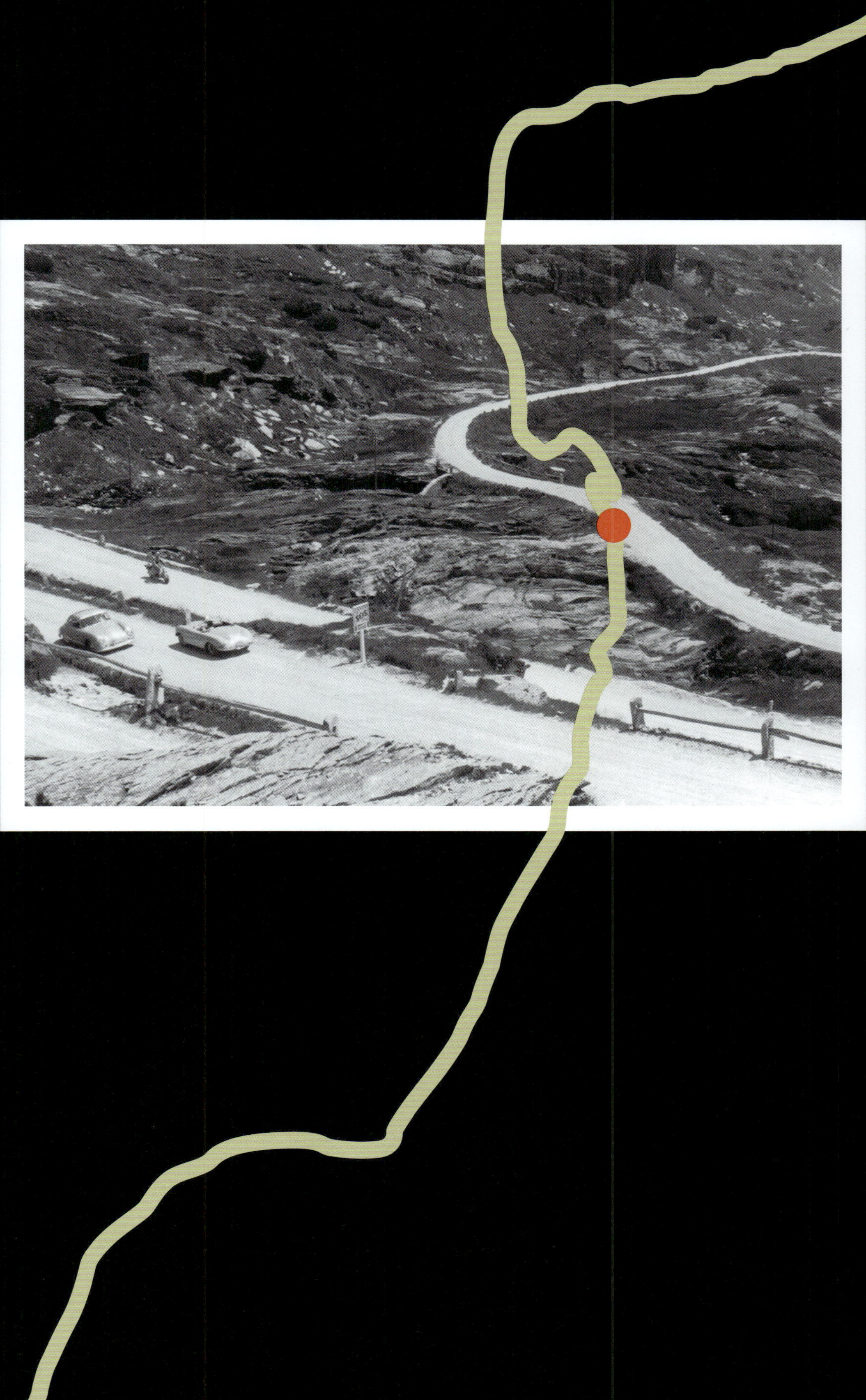

Der Porsche 356 „Nr. 1“ Roadster **1953** **Misox**

Im September 1953 meldet Hermann Schulthess den 356 „Nr. 1“ Roadster zum Bergrennen Mitholz-Kandersteg an. Nach einer Probefahrt überlässt er das Steuer zum Rennen seinem Freund Marco Engler. Der Mittelmotor-Roadster kann seine Wendigkeit voll ausspielen und kommt auf den zweiten Platz.

106

EINES SCHÖNEN FRÜHLINGSTAGES...

Ein (vorläufiges) Schlußkapitel zur Porsche-Geschichte: der Rennsportwagen Typ 550 – seine Entstehung, seine Vorläufer, seine Details

Die Geschichte unserer Rennsportwagen beginnt damit, daß Ferry Porsche, des Herumkutschierens mit alten Wehrmacht-Volkswagen müde, eines schönen Frühlingstages im Jahre 1948 beschloß, auf der VW-Basis ein schnelleres, sportliches Fahrzeug herzustellen. Dieser Plan war beinahe so alt wie der Volkswagen selbst. Seine mechanischen Teile wurden ja bei seiner Konstruktion sehr reichlich dimensioniert, der Motor war ein ausgesprochener Drosselmotor, in dem noch manche unausgenutzte Pferdekraft steckte – da konnte man, mit entsprechender Karosserie-Form, noch viel erreichen.
Der erste Versuch spielte sich in den Jahren 1938/39 ab. Es sollte nämlich Anfang des Jahres 1940 eine große Fernfahrt Berlin - Rom stattfinden, im Stile der Mille Miglia etwa. Dazu brauchte man schnelle Autos. Und so entwickelte man bei Porsche auf dem VW-Chassis den sogenannten „Berlin - Rom - Wagen". Der ging damals bereits, mit elfhundert Kubik, 140 Spitze – allerdings, sehr geräumig war dieses Renncoupé nicht. Es war ein Ein-Mann-Auto ohne jeden Komfort. Eben nur für das Rennen.
Berlin - Rom wurde am 1. September 1939 begraben, der Wagen wanderte in einen Schuppen. Während des Krieges ergab sich aber eine andere Gelegenheit, das VW-Aggregat etwas höher zu züchten: bei der Wehrmacht brauchten sie Sturmboot-Motoren. Die sollten luftgekühlt sein, aber mehr Pferde haben als der VW. Da verpaßte man ihm kurzerhand neue Köpfe (mit V-förmig hängenden Ventilen) und brachte ihn damit nach einigen Versuchen auf reelle 40 PS! Interessanterweise bildeten die damaligen Sturmboot-Motoren-VW-Köpfe, die Porsche entworfen hatte, die Grundlage für die sogenannten Vogelsangköpfe, mit denen von 1947 bis 1951 Petermax Müller und andere deutsche Rennfahrer ihre VW-Motoren ausrüsteten, um ebenfalls auf etwa 40 PS zu kommen. Soweit also diese Vorläufer...
Kaum war nun der Plan Ferry Porsches im Frühjahr 1948 bekannt geworden, kamen Interessenten, besonders aus der Schweiz, die sich nach dem zukünftigen Porsche-Sportwagen erkundigten. Dadurch ermutigt, begann man zu bauen. Für den Motor wählte man einen etwas anders ausgelegten Kopf als damals beim Sturmboot-Motor und kam nun ebenfalls wieder auf 40 PS. Im Prinzip war das 1948 schon der heutige Porsche-Zylinderkopf.
Das Volkswagenchassis schien den Porsche-Konstrukteuren für die erhofften Geschwindigkeiten nicht mehr ganz auszureichen, daher wurde ein neues gebaut: ein Gitterrohrrahmen entstand, in welchem der Motor unmittelbar hinter den Vordersitzen gelagert wurde, d. h. der Motor kam vor die Hinterachse zu liegen, während man das Getriebe hinter die Achse baute. Das war dieselbe Anordnung wie beim Auto-Union-Rennwagen, den das Büro Porsche fünfzehn Jahre vorher entwickelt hatte. Lenkung und Vorderachse wurden vom Volkswagen übernommen, ebenso das Prinzip der Radabfederung durch Torsionsstäbe (Vierkantstäbe vorn, Rundstab hinten). Räder und Bremsen waren gleichfalls VW-Teile; es handelte sich damals noch um die mechanische Bremse, die durch Seilzug betätigt wurde, mit Trommeldurchmesser von 230 mm.
Entsprechend den Wünschen und Entwürfen von Ferry Porsche wurde eine Roadster-Karosserie aus Leichtmetall auf dieses Fahrgestell montiert, wobei eine durchgehende Vordersitzbank eingebaut war, die notfalls auch drei Per-

Oben: Diese Aufnahme ist im Frühjahr 1950 in der Schweiz gemacht worden: so sah der Wagen im Originalzustand aus. Er erregte Aufsehen, wohin er kam. Der Radstand war übrigens etwas länger als beim heutigen Porsche. Unten ein Detail der Rahmenkonstruktion: Man kann deutlich erkennen, daß es sich um einen sogenannten Gitterrohr-Rahmen gehandelt hat, der sehr leicht war

Above: This photograph was taken in Switzerland early in 1950 and shows the Porsche in its original condition. The model caused a sensation wherever it went. The wheelbase was obviously somewhat longer than it is on the modern Porsche. Underneath a detail of the frame construction, one can clearly see the so-called "Lattice" arrangement that caused the car to be quite light in weight

En haut: Cette photo a été prise au printemps 1950 en Suisse. On y voit à quoi ressemblait la voiture dans son modèle original. Elle attirait l'attention partout où elle allait. L'écartement des roues était d'ailleurs quelque peu plus large que dans le modèle actuel. Au dessous: un détail de la construction du châssis. On peut voir distinctement qu'il s'agissait de ce qu'on appelle un châssis tubulaire, particulièrement léger

6

sonen Platz gewährte. Die Karosserie stellte ein „Vollponton" dar, ohne eigentliche Kotflügel (1948 noch eine sehr ungewöhnliche Form); die Schnauze war, in Anlehnung an die Form des Auto-Union-Weltrekordwagens tiefer als die Profillinie der Vorderkotflügel nach unten gezogen. Reserverad und Batterie befanden sich hinter dem Motor im Heck des Fahrzeuges; unter der vorderen Klappe konnte Gepäck verstaut werden... Trotzdem der Radstand etwas länger war als derjenige der späteren Porsche-Modelle, betrug das Trockengewicht des Wagens, bedingt durch den leichten Rohrrahmen, nur 596 Kilo. Seine Spitzengeschwindigkeit lag bei 135 km/h, nach Abnehmen der Windschutzscheibe und Verkleiden des zweiten Vordersitzes knapp über 140. Dieser Wagen wurde zunächst als Einzelstück hergestellt, um ihn gründlich zu erproben. Da man indessen einen möglichst großen Kundenkreis gewinnen wollte, entschloß man sich, vom Typ des offenen Rennsportwagens

Der Motor (oben) hatte zunächst noch nicht die 1086 ccm des Porsche, sondern noch die 1131 ccm des Volkswagens und war auch noch nicht mit zwei Vergasern ausgerüstet, sondern nur mit einem Fallstromvergaser. Motoranordnung wie heute bei den Rennsportwagen vor der Hinterachse (Fahrtrichtung auf dem Bild nach links). Hinten befand sich über dem Getriebe noch Raum für ein Reserverad. Unten: Treffen auf der Autobahn. Um den Porsche Nummer eins zu besichtigen, haben zwei Enthusiasten natürlich angehalten. So etwas sieht man ja nicht alle Tage!

The motor (above) did not yet have the 1086 ccm of the Porsche, but rather the 1131 ccm of the Volkswagen. And, instead of two carburetors it still had only one down-draft carburator. Like in today's race cars, the engine was in front of the rear axle (nose of the car at the left). In the rear of the car over the transmission there was still room for a spare tirc. Below: a meeting on the autobahn. Two sportscar enthusiasts naturally have stopped to take a look at Porsche Number One. One doesn't see this every day!

Le moteur (en haut) avait d'abord une cylindrée de 1131 cm3 comme la Volkswagen et non de 1086 comme la Porsche. Il n'était pas muni de deux carburateurs n'en ayant qu'un à tirage par en bas. Comme sur les voitures de course modernes le moteur est situé devant l'axe arrière (le sens de la marche est sur la photo, de droite à gauche). A l'arrière, au-dessus de la boîte à vitesses, un emplacement était réservé pour la roue de secours
En bas: Rencontre sur l'autoroute. Deux «mordus» se sont arrêtés pour admirer la Porsche numéro 1. Evidemment c'est un évènement peu courant

doch wieder abzugehen und den geplanten Wagen in Form eines Coupés zu bauen. Einstweilen aber brauchte der kleine Betrieb in Kärnten Betriebskapital, um die geplanten Aufgaben lösen zu können. Deshalb wurde der Roadster in die Schweiz gebracht und dort an einen der Sportwagen-Interessenten um 7000 Schweizerfranken verkauft. Die Einfuhrlizenz trägt das Datum 7. September 1948.
Es ist bekannt, daß im Spätherbst 1948 dann bei Porsche die Produktion des zweisitzigen Coupés begann, das unter der Typenbezeichnung 356 später so berühmt wurde. Die Coupés hatten, hauptsächlich aus Raumgründen (man wollte ja, wie gesagt, nicht nur einen schnellen, sondern auch einen recht bequemen, zum Reisen mit Koffern geeigneten Zweisitzer bauen) den Motor hinter der Hinterachse, und aus Gründen der Fertigung und der Stabilität ging man zu einem halbselbsttragenden Karosseriekörper über, mit völlig anderer Rahmenkonstruktion als beim Roadster von 1948. Die Entwicklung eines offenen Rennsportwagens ruhte damit für viele Jahre.
Verblüffend ist nun aber die Parallele, die man zwischen dem Roadster vom Sommer 1948 und den Prototypen des Jahres 1953/54 ziehen kann. Da der alte Wagen so gut wie unbekannt ist, wurden die jetzigen Prototypen vielfach als revolutionäre Neukonstruktionen angesehen. In Wirklichkeit knüpfte Porsche nur wieder an die Ursprünge seines Sportwagenbaues an. Die beiden wesentlichen Konstruktionsprinzipien: der Einbau des Motors vor der Hinterachse und die Verwendung eines getrennten Rohrrahmen-Chassis, dazu offene Leichtmetall-Karosse, — diese beiden Prinzipien, die sich im „356"-Serienmodell nicht finden und verwirklichen lassen, haben die heutigen Prototypen und 550er mit dem Sportwagen von 1948 gemeinsam. Unverkennbar ist natürlich die „Nabelschnur" zu den Auto-Union-Rennwagenkonstruktionen.
Die Roadster-Konstruktion von 1948 geriet nun allerdings nicht nur in der Öffentlichkeit, sondern weitgehend auch im Hause Porsche selbst in Vergessenheit. Man kaprizierte sich ganz auf den Bau des geschlossenen Serien-Sportwagens; man bemühte sich, durch erhöhten Fahrkomfort diese Serie einer breiteren Käuferschicht zugänglich zu machen und man eroberte sich im Sport in der Hauptsache die großen Langstreckenfahrten zur Domäne, während die Rundstreckenrennen mehr und mehr den ultraleichten Spezial-Sportwagen („Rennsportwagen") vorbehalten blieben.

In Deutschland sah man bei den Wagenrennen der Nachkriegszeit zumeist „selbstgestrickte" Sportwagenkonstruktionen am Start; vor allem in den Klassen 1100 und 1500 ccm. Es existierte von keiner Seite eine Werksbeteiligung und ebensowenig kamen ausländische Fabrikate in die Hände deutscher Fahrer. Sehr beliebt war um diese Zeit — also in den Jahren 1947 bis 1950 — als Antriebsaggregat der 1086-ccm-VW-Motor (es hatte einmal in kleiner Serie einen 1086-ccm-Motor statt des 1131 ccm gegeben), mehr oder weniger hochfrisiert, für Alkoholbetrieb verdichtet, zum Teil mit den erwähnten Vogelsangköpfen und manchmal mit vier Vergasern versehen. Dazu verwendeten die Fahrer modifizierte VW-Fahrgestelle, die durch mehr kräftiges als planvolles Bohren von Löchern erleichtert worden waren. Alle

Dieses Bild ist wieder ein Beweis dafür, daß die äußerste Zweckmäßigkeit der aerodynamischen Form zugleich ein Maximum an Formschönheit bringt. Es ist der Le-Mans-Wagen von 1953 - der erste Rennsport-Prototyp

This picture proves again that the extreme practicality of the aero dynamic form offers at the same time a maximum in beauty and style. It is the Le Mans car of 1945, the first racing sport-prototype

Cette image est une nouvelle preuve du principe: un maximum d'adaptation des formes aérodynamiques assure un maximum d'élégance. C'est la voiture du Mans, en 1953, le premier prototype de voitures des courses

diese Fahrzeuge wurden im Wettbewerb „VW-Eigenbau" genannt. Sie haben ein historisches Verdienst: sie brachten den deutschen Nachkriegs-Motorsport wieder in Gang.
Mit einem solchen „VW-Eigenbau" erschien im Frühjahr 1950 auch Walter Glöckler, der Frankfurter VW-Vertreter und schon vor dem Krieg bekannte Sportwagenfahrer, zu den Rennen um die Deutsche Sportwagenmeisterschaft. Sein Wagen zeichnete sich durch zwei Dinge aus: er war hinsichtlich Karosserie und Fahrgestell (Rohrrahmen!) präziser gearbeitet als die meisten anderen Sportwagen der damaligen Zeit und – er verwendete statt der üblichen hochfrisierten VW-Motoren bereits das Porsche-Aggregat von 1086 ccm zum Antrieb seines Wagens. Er hatte es für Alkoholbetrieb zunächst auf etwa 48 PS gebracht.
Diese Konstruktion (mit einem Wagengewicht von 445 Kilo trocken!) besaß nun, genau wie der erste Porsche-Roadster und später die Porsche-Prototypen bereits die „umgekehrte Anordnung" mit Motor vor der Hinterachse und Getriebe hinter dieser, um dadurch eine eventuelle Hecklastigkeit zu vermeiden, die bei einem sehr leichten Wagen ja viel stärker ins Gewicht fällt als beim Normalwagen mit seinen 750 bis 800 Kilo.
Noch im Frühsommer 1951 baute Glöckler ein weiteres Modell mit 1500-ccm-Motor, das eine Serie von Rennsiegen und Rekorden erringen konnte. An der Konstruktion war Glöcklers Ingenieur Hermann Ramelow (früher bei Adler) maßgebend beteiligt. Diese Arbeiten zeigten, welche Möglichkeiten in den normalen Serienmotoren steckten und welche Erfolge mit einem leichten Chassis auch auf Rundstrecken zu erzielen waren. Und es ist wohl nicht übertrieben, zu sagen, diese private Entwicklung habe ihren Teil dazu beigetragen, daß die Idee, einen schnellen Spezial-Sportwagen zu entwickeln, im Hause Porsche lebendig blieb.
Nachdem für das Jahr 1953 die Konkurrenz so stark zu werden schien, daß die private Initiative wohl nicht mehr ausreichen würde, um das Prestige von Porsche zu verteidigen, entschloß sich das Werk zum Bau eines sogenannten Prototyps. Dieser wurde am 31. Mai 1953 beim Internationalen Eifelrennen (Nürburgring) zum erstenmal eingesetzt und von Helm Glöckler – bekanntlich ein Vetter von Walter Glöckler – vor den beiden Borgward-Werkswagen zum Siege gesteuert. Die hier beim Eifelrennen gezeigte Ausführung war offen, mit Rennscheibchen versehen, und besaß glatt abfallendes Heck. In der Form ähnelte der Wagen den Glöckler-Porsche-Typen, doch war die Schnauze wesentlich tiefer heruntergezogen und endete nicht in einer sanften Rundung, sondern in einer Art runden Spitze, und die Scheinwerfer waren nicht mehr schräg, sondern senkrecht in die vordere Kotflügel-Profillinie eingelassen.
Die Karosserie dieses ersten Prototyps war, nach den Plänen von Porsche, durch die Frankfurter Karosseriefabrik Weidenhausen hergestellt worden, die in den vorausgegangenen Jahren alle Glöckler-Porsche karossiert hatte. Vierzehn Tage nach dem Eifelrennen 1953 wurde dieser Prototyp in zwei Exemplaren beim 24-Stunden-Rennen von Le Mans eingesetzt, das mit jenem schönen Doppelsieg für Porsche endete. Aus Gründen der Aerodynamik entschied man sich kurz vor dem Rennen, einen Coupé-Aufsatz zu montieren, der allerdings für den Fahrer sehr resonanzfördernd und eng war. Es wurde daher bis zu den Trainingsfahrten offen gelassen, diese Hauben eventuell wieder abzuschrauben, falls die Fahrer sich außerstande erklären würden, damit ein 24-Stunden-Rennen zu fahren. Man gewöhnte sich aber schnell an das merkwürdige Interieur; die Belüftung in Gestalt eines schmalen Schlitzes im Plexiglas der Seitenscheiben war nicht immer ideal, dafür war man keinem Fahrtwind ausgesetzt.

Er war damals noch nicht für die Öffentlichkeit bestimmt, aber wurde natürlich schon heimlich fotografiert: der erste Wagen mit dem Viernockenwellen-Motor, der am Nürburgring im Training zum Großen Preis von Deutschland einige noch ganz „zahme" Proberunden drehte. Hanstein (am Steuer) wird von Ferry Porsche und seinen Ingenieuren gerade nach den ersten Eindrücken befragt. Das zusätzlich aufgemalte „T" bedeutet, daß es sich nur um einen Trainingswagen handelt, der nicht im Rennen fahren wird

It was certainly at that time not ready for the public, but was nevertheless privately photographed: The first car, with the four-cylinder camshaft, was circling some "tame" rounds at the Nürburg Ring while training for the Grand Prix of Germany. Hanstein (at the wheel) is questioned about his first impressions immediately afterwards by Ferry Porsche and the engineers. The "T" painted on the Porsche means that it's a test car, not participating in an actual race

Elle n'était pas encore livrée la publicité, mais évidemment on en prenait déjà des photographies clandestines. Nous voyons là, s'entraînant sur le Nurburgring pour le Grand Prix d'Allemagne, la première voiture à moteur à quatre arbres à cames. Elle fait «en privé» quelques tours d'essai. Au volant, Hanstein, que Ferry Porsche et ses ingénieurs interviewent sur ses premières impressions. Le «T» signifie qu'il ne s'agit là que d'une voiture d'essai qui ne participera pas à la compétition

8

Auf der Geraden zwischen Tertre Rouge und Mulsanne war damals beim 24-Stunden-Rennen ein Stop-Kilometer eingerichtet, um die Höchstgeschwindigkeit der einzelnen Rennsportwagen genau zu messen. Für unsere beiden Prototypen gab der Veranstalter als Meßergebnis 197 und 199 km/h an, was auch stimmen dürfte. Allerdings wurden die Maschinen im Rennen nicht ganz bis zur möglichen Drehzahlspitze auf der Geraden ausgefahren; die effektive Höchtsgeschwindigkeit der Wagen betrug 205–206 km/h. Als Rundenzeit wurde maximal 5.16,8 erreicht, das sind in Le Mans etwa 153 km/h Durchschnitt.

Oben: Der „nackte" Rahmen des Typs 550 - ein leicht gekröpfter, sehr leichter Rohrrahmen mit Querträgern für Getriebe, Motor und Pedalerie ▶

Above: The "naked" frame of the Type 550 — a slightly bent tubular frame with cross members for the transmission, the engine, and the pedals

En haut: le châssis nu de la 550; c'est un châssis à tubes très léger, à peine courbé, muni de supports pour la boîte à vitesses, le moteur et les pédales

Unten: Hans Stuck war der erste, der den Prototyp mit dem Viernockenwellen-Motor in einem Rennen fuhr - beim Freiburger Bergrekord am 9. August 1953. Mit der neuartigen Fahr-Charakteristik des Wagens war aber Stuck noch nicht so recht vertraut und kam hinter Herrmann und Bechem nur auf den 3. Platz

Below: Hans Stuck was the first to drive the prototype with the four camshaft engine in a race; he participated in the Freiburg mountain contest on August 9, 1953. Stuck had not become suficiently acquainted with the unusual driving characteristics of the car and qualified third behind Herrmann and Bechem

▼ En bas: Hans Stuck a été le premier à piloter le prototype à moteur à quatre arbres à cames lors d'une compétition, le Bergrekord de Fribourg, le 9 Août 1953. Stuck n'était toutefois pas encore familiarisé avec la nouvelle voiture et sa conduite particculière. Il ne put se placer qu'à la suite de Herrmann et Bechem à la troisième place

Die Leistung der in Le Mans 1953 verwendeten Motoren wurde selbst in Fachkreisen oft überschätzt; im Eifelrennen hatte man, weil dies erlaubt war, den 1500 Super-Motor auf Alkoholbetrieb verdichtet (etwa 1:10,8), womit man ca. 95 PS erreichte. In Le Mans war dies nicht zulässig, da 90 Oktan Kraftstoff verwendet werden mußte. Man fuhr dementsprechend mit mehr oder weniger normalen 1500er Super-Motoren, mit Verdichtung zwischen 8,8 und 9,0 (gegen 8,2 in der Serie), wobei Kanäle und Kurbelwelle besonders sorgfältig poliert waren. Auf der Bremse hatten diese Motoren nicht mehr als 78 bis 79 PS.

Aus diesem Verhältnis 78 PS zu 205 km Spitze sieht man, wie günstig die aerodynamische Form des Prototyps war. Mit 78 PS im normalen Coupé erreicht man nur etwa 185 km/h Spitze. Das niedrigere Gewicht des Prototyps spielt bei der Erreichung der Höchstgeschwindigkeit keine so entscheidende Rolle, der Rollwiderstand tritt hierbei viel weniger in Erscheinung als der Luftwiderstand, wobei nicht der sogenannte Cw-Wert alleine, sondern immer das cw mal F, also das Produkt aus Luftwiderstandsbeiwert und Angriffsfläche der Luft entscheidend ist. Durch den im Vergleich zum Coupé viel kleineren Frontquerschnitt (Gesamthöhe 1,18 m statt 1,30 beim Coupé, Coupéaufsatz wesentlich schmäler) wurde bereits eine entscheidende Verbesserung erreicht.

Die beiden Prototypen nahmen anschließend am Internationalen Avusrennen teil, wo sich der eine Wagen in einer Kurve drehte und dadurch ausfiel, der andere (mit Hans Herrmann) bis vier Runden vor Schluß führte, aber dann infolge eines gelockerten Kerzensteckers teilweise nur auf 3 Zylindern lief und Zweiter wurde. Dafür gewann Herrmann überlegen die 1500er-Klasse beim Großen Preis von Deutschland; der zweite Wagen hatte dabei einen Schaden an den Ventilen. Hier wurden die Wagen wieder offen gefahren.

Auch in Freiburg beim Schauinsland-Rennen kamen die Wagen offen an den Start (das Plus an Spitze fällt bei kurvenreichen Strecken nicht ins Gewicht, der offene Wagen läßt sich natürlich vom Fahrer aus leichter und schneller in die Kurven fahren). Herrmann gewann das Rennen und

damit die Deutsche Meisterschaft. Hier wurde wieder mit dem Alkoholmotor gefahren, also mit 95—98 PS. Das Wagengewicht lag bei 550—560 Kilo. Die Zeit, die Herrmann mit diesem Fahrzeug von knapp 6 Kilo Leistungsgewicht in Freiburg erzielte, war besonders verblüffend, lag sie doch nur eine Sekunde über dem Rosemeyer-Rekord mit dem Auto-Union-Grand-Prix-Wagen (750 Kilo, über 500 PS, also 1,5 kg/PS Leistungsgewicht). Auf sehr kurvenreichen, relativ langsamen Strecken (Durchschnitt etwa 90 km/h) wird also der Unterschied zwischen einem 1500er-Rennsportwagen und einem Grand Prix vernachlässigbar klein. Leider wird 1954 Freiburg nicht gefahren, so daß wir keine Vergleichszahlen mit dem neuen Motor erhalten.
Die beiden Le-Mans-Prototypen mit ihren 1500 Super-Motoren wurden anschließend nach Guatemala verkauft und man weiß, wie tapfer sie in der Carrera Panamericana gelaufen sind.
In der Zwischenzeit hatte man bei Porsche erkannt, daß der bisherige obengesteuerte Motor, der im Grunde ja noch immer der VW-Motor war, mit seinen besonders langen Stoßstangen praktisch bei 6000 U/min seine Grenze findet und für den Rennsport auf schnellen Rundstrecken doch nicht mehr leistungsfähig genug sein würde. Daher entwickelte man im Frühsommer 1953 den Motor mit den vier obenliegenden Nockenwellen, der Tradition getreu ebenfalls als gebläsegekühlten 4-Zylinder-Boxermotor. Beim Training zum Großen Preis von Deutschland (2. August 1953) wurde dieser Motor, eingebaut in ein modifiziertes Prototyp-Chassis, erstmals auf einer Rennbahn gefahren, aber nur einige Runden zur Probe und noch nicht „auf Zeit". Dies blieb Altmeister Hans Stuck eine Woche später bei eben jenem Freiburger Bergrennen vorbehalten. Aber Stuck kam mit dem neuen Auto noch nicht zurecht und konnte sich – hinter dem „alten" Prototyp – erst an dritter Stelle placieren.
Wie schon gesagt, wurde auch das Chassis des Prototyps weiter verbessert. Die in Le Mans 1953 gefahrenen Wagen hatten die hinteren Federstäbe und damit den Drehpunkt für die Hinterachs-Federung hinter der Hinterachse. Sie waren damit identisch mit dem ersten Roadster von 1948 und mit den von Walter Glöckler entwickelten Fahrzeugen. Nun wurden diese Drehstäbe in ein Rohr gelegt, das, wie beim Serienmodell, vor der Hinterachse angebracht ist. Im Gegensatz zum Serienmodell aber, bei dem die Länge der Führungsarme 430 mm beträgt, wies das neue Chassis des Rennsportwagens Arme mit 600 mm auf.
Die Anordnung der Stoßdämpfer wurde gegenüber dem Le-Mans-Modell ebenfalls geändert. Sie waren zunächst innerhalb des Motorraumes zwischen dem hinteren Drehstab-Rohr und der Hinterachse schräg nach oben stehend angebracht worden; jetzt stehen sie nahezu senkrecht und befinden sich unmittelbar neben der Achse im Radkasten. Die beiden Rahmen-Rohre gingen beim Le-Mans-Modell 53 noch unter der Hinterachse durch. Bei der nächsten Ausführung waren die Rahmenrohre nach oben gekröpft, so daß die Hinterachse unter den Rohren aufgehängt werden konnte, was für das Auswechseln von Motor und Getriebe Vorteile bringt. Das neueste Modell hat einen fast ungekröpften Rohrrahmen unter der Hinterachse.
Gewisse Veränderungen wurden auch an der Karosserie vorgenommen.
Insbesondere ist die neue Heck-Flosse charakteristisch, die im Herbst 1953 erprobt wurde. Die neueren Modelle mit der Flosse werden jetzt alle vom Karosseriebau Weinsberg hergestellt. Übrigens dient diese Flosse hinter den Kotflügeln, worin die Rücklichter eingelassen sind, weniger der Stabilisierung als der korrekten Luftabführung am Heck des Wagens.

Eine Skizze aus dem Konstruktionsbüro, als gerade die Außenform des Typs 550 entstand . . .

A sketch from the drawing board at the time the design of Type 550 was being created

Une esquisse provenant des bureaux de construction, au stade de la formation de l'aspect extérieur de la 550

Um diese Luftführung – das A und O der modernen Sportwagenkarosserie — noch günstiger zu gestalten, ging man dann dazu über, dem Wagen einen „Buckel" zu geben, d. h. hinter den Sitzen befand sich eine durchgehende, breite Kopf-Flosse, an die man sich mit dem Kopf auch tatsächlich anlehnen konnte. Diese Anordnung war vorgesehen in Verbindung mit einer ebenso durchgehenden breiten Frontscheibe, und in dieser Form hat der Wagen seinen ersten rennsportlichen (wenn auch noch nicht „ernsten") Einsatz gefahren: beim Ausbildungskurs in Campione (siehe „Christophorus" Nr. 10). Es zeigte sich aber, daß eine ganz kleine Rennscheibe vor dem Fahrer, ein verkleideter 2. Sitz und ein flaches Heck ohne „Kopfflosse" ein paar Kilometer mehr in der Spitze bringt; so kehrte man für die Mille Miglia und für Le Mans zu dieser „klassischen" Form zurück.
Öffentlich ausgestellt wurde der neue Typ 550 (550 heißt das Fahrgestell und die Karosserie als 550. Porsche-Konstruktion, der 4-Nockenwellen-Motor allein trägt die Bezeichnung 547), erstmals als „Zugstück" auf dem Pariser Salon 1953. Für den neuen Motor wurden in Paris folgende Daten angegeben, die auch jetzt noch Gültigkeit besitzen: 1499 ccm, 110 PS bei 7000 U/min unter Verwendung von normalem Super-Kraftstoff. Spitze 225 km/h (mit Rennscheibchen). An wichtigen Details wären noch hinzuzufügen: Das Hub-Bohrungsverhältnis ist mit 66/85 mm (Verhältnis 1:0,778) extrem „unterquadratisch", was bei Porsche aber

schon im Serienbau üblich war (1300er-Motor mit 64/80 = 1:0,800). Die mittlere Kolbengeschwindigkeit kommt damit bei Nenndrehzahl auf 15,4 m/sec, also auf einen relativ sehr niedrigen Wert, der noch im Bereich des schnellen Gebrauchswagens liegt. Die Verdichtung ist 1:8,5 bis 1:9,0. Als Vergaser wurden zunächst zwei Solex-Doppelvergaser verwendet; neuerdings sind italienische Weber-Vergaser montiert worden.

Das Kühlgebläse wird doppelt beaufschlagt; der Antrieb des Ventilators geschieht von der Kurbelwelle aus durch Spitzenkeilriemen mit Übersetzungsverhältnis 1:1. Der Antrieb der obenliegenden Nockenwellen erfolgt von der Kurbelwelle aus über ein Zahnrad auf einer Vorgelegewelle (von wo aus die Ölpumpe angetrieben wird); von dort aus teilt sich der Antrieb über zwei schrägverzahnte Stirnräder und Königswellen zu den beiden Nockenwellen für die Auslaßventile. Von hier aus führt eine Zwischenwelle weiter nach oben zu den Nockenwellen für die Einlaßventile. An deren Ende befindet sich der Antrieb für die beiden Verteiler. Die Zündanlage wird mit einer 6-Volt-Batterie gespeist. Pro Zylinder sind zwei Kerzen vorgesehen, in symmetrischer Anordnung. Jeder Verteiler bzw. jede Zündspule der Doppelzündung arbeitet auf je eine Kerze pro Zylinder. Die Ventile sind natriumgekühlt.

Da das Leergewicht des Typs 550 nur knapp über 550 Kilo liegt, ergibt sich damit ein Leistungsgewicht von ziemlich genau 5 Kilo pro PS – im Vergleich zum ersten Roadster mit 600 Kilo und 40 Pferden also ein dreifach besserer Wert, der zugleich die technische Entwicklung bei Porsche und im Sportwagenbau überhaupt zum Ausdruck bringt. Allerdings – mit diesem Leistungsgewicht in der Größenordnung von 5 bis 6 Kilo pro PS (das 1500 Super-Coupé hat noch das Doppelte – 10,8!) stößt man in Bereiche vor, die nur noch wenige Fahrer voll beherrschen, Bereiche, die schon in der Nähe vom Grand-Prix-Wagen liegen. Der Unterschied zwischen dem normalen 1500 Super-Coupé und dem 550 dürfte fahrerisch gesehen etwa ebenso groß sein wie der Unterschied zwischen einem VW und einem 1500 Super.

Hier sieht man deutlich die Entwicklung der Außenform unseres Typs 550. Im oberen Bild haben wir den Le-Mans-Wagen von 1953 vor uns, der noch mit dem normalen 1500 Super-Motor ausgerüstet war und später nach Guatemala verkauft wurde. In dieser geschlossenen Form fuhr er auch die Carrera in Mexiko mit und gewann dort die 1500er-Klasse. – Das nächste Bild zeigt den Wagen, der im Herbst 1953 auf dem Pariser Salon stand und dort die große Attraktion war: Hier ist schon der Viernockenwellen-Motor eingebaut, aber der Rahmen stellte noch einen Zwischentyp zur heutigen Ausführung dar. Die Außenform weist jedoch schon die charakteristischen Heckflossen hinter den Rädern auf

Here you clearly recognize the development of the design of our Type 550 which it had on the drawing board. The picture above shows the Le Mans car of 1953, equipped with the normal 1500 super engine. This car, incidentally, was later sold to Guatemala. With this well rounded body the car also participated in the Carrera in Mexico, and won the 1500 ccm class. The next picture shows the car that was exhibited at the Paris Motor Show in Autumn, 1953, and attracted tremendous attention there. Then the four camshaft engine had been built in, although the frame, compared to today's type, was of an inbetween appearance. The body, however, already displays the characteristic fins on the rear

On voit ici fort bien le développement de l'aspect extérieur de la 550. L'image supérieure représente la voiture du Mans de 1953, encore équipée du moteur Super classique 1500 qui devait être par la suite vendue au Guatémala. C'est sous cette forme refermée sur elle-même qu'elle prit part à la Carrera de Mexico où elle remporta la première place dans la catégorie des 1500. L'image suivante représente la grande attraction du Salon de Paris où la Porsche était exposée, en automne 1953: le moteur à quatre arbres à cames l'équipait déjà, tandis que le châssis n'est encore qu'un modèle intermédiaire par rapport à l'actuel. L'aspect extérieur se distingue toutefois déjà par les nageoires caractéristiques, à l'arrière des roues

Drittes Bild: Der „Buckelwagen", der gebaut wurde, um bei durchgehender vorderer Windschutzscheibe einen bequemen Schutz für den Fahrer und einen guten Strömungsverlauf zu erreichen. Sozusagen die Touren-Ausführung. Wurde auf dem Brüsseler Salon und in Campione beim Schweizer Rennfahrerlehrgang (April 1954) öffentlich gezeigt. Ganz unten: Das ist die neueste Form mit kleinem Rennscheibchen, ohne „Buckel" und seitlich abgedeckt, für Rennzwecke. So wurde in der Mille Miglia, in Le Mans und in Reims gefahren

Third picture: The "Hunchback car" which was designed to offer both comfortable protection for the driver and streamlined features, had a single windshield across the front. You could call it Porsche's Touring-edition. It was displayed publicly at the Brussels Motor Show and in Campione during Switzerland's course of instruction for race drivers in April, 1954. At the bottom: This is the latest design for race purposes, with tiny windshields, no "hunchback", and covered sides. Cars like this participated in the Mille Miglia, at Le Mans and at Reims

Troisième image: la voiture «bossue», spécialement étudiée pour protéger efficacement le conducteur à l'aide d'un pare-brise avant d'une seule pièce tout en assurant à l'air un écoulement normal. En quelque sorte un modèle tourisme. Elle a été présentée officiellement au Salon de Bruxelles et à Campione, au cours d'un stage de coureurs automobiles suisses (Avril 1954)
Tout en bas: c'est là la dernière présentation, munie d'une glace de course, sans «bosse» et protégée sur le côté. Elle est adaptée aux besoins de la course. C'est ce modèle qui prit part aux Mille Milles, aux rencontres du Mans et de Reims

▼

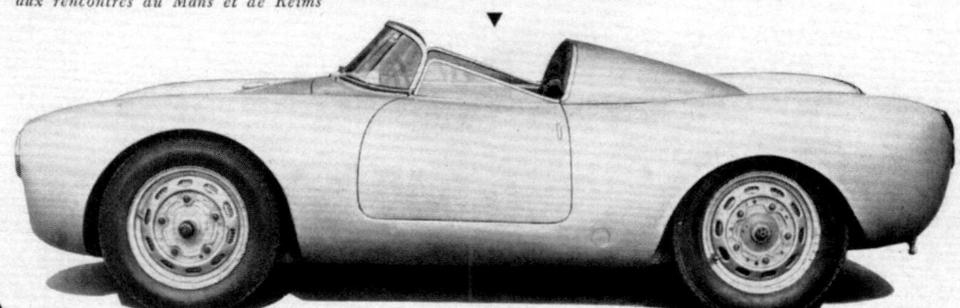

Mit dem Gaspedal heißt es dann höchst gefühlvoll umgehen, und aus Geschwindigkeiten, die weit über 200 liegen, Kurven exakt anzubremsen und anzusteuern – das ist eine Sache, die nicht unbedingt mehr erlernbar ist. Aber das finden wir in der Entwicklung der modernen Technik ja überall: wenn wir an die Grenzen des Materials und der Ingenieurkunst gehen, erreichen wir auch die Grenzen des Menschen und seiner Fähigkeiten. *fr.*

II

Der Porsche 356 „Nr. 1" Roadster **1956** **Zuffenhausen**

Im Frühjahr 1954 entdeckt der Züricher Ingenieur Anton Igoria während einer Inspektion den Mittelmotor-Roadster in der Werkstatt und bietet Hermann Schulthess sein 356 Coupé im Tausch an. Am nächsten Tag will der neue Besitzer das Geschäft rückgängig machen, aber Schulthess lehnt ab. Igoria registriert den Prototyp am 1. April 1954 zwar mit dem Kennzeichen ZH 2290, verliert aber schnell das Interesse und lässt den 356 „Nr. 1" verkommen. Bis ihn der Automechaniker Franz Blaser per Zufall auf seinem Weg zur Arbeit entdeckt und den desolaten Roadster aufkauft.

Blaser repariert den 356 „Nr. 1" von Grund auf und lässt ihn am 27. Juli 1956 an seinem Wohnort in Lachen, Kanton Schwyz, mit dem Kontrollschild SZ 2932 zu. Der silberblau umlackierte Wagen trägt jetzt an den vorderen Kotflügeln auffallende Dekordreiecke in dunkler Kontrastfarbe und zwei Haltegurte an der Fronthaube. Blaser montiert einen Außenspiegel und je ein drittes Rücklicht in die Kotflügel. Stolz trägt die Lenkradnabe mittlerweile das Porsche-Wappen von 1953.

CONTROLE
SZ·2932

ZIEL-KONTROLLE
CONTROLE
SZ·2932

PORSCHE
SZ·2932

Noch im gleichen Jahr fährt Blaser in dem Roadster zum Porsche-Treffen nach Meran. Dort sieht auch Ferry Porsche sein erstes Auto wieder. Zum Veranstaltungsprogramm gehört eine Gymkhana, zu der Blaser mit der Startnummer 188 startet. Den Sieg in dem Geschicklichkeitswettbewerb auf dem Meraner Turnierplatz machen jedoch die Fahrer jüngerer Sportwagen untereinander aus.

Auch im Folgejahr kommt Blaser mit seiner Frau und dem 356 „Nr. 1“ nach Südtirol. Der Roadster hat sich erneut verändert, inzwischen elfenbeinfarben mit zusätzlichem rotem Lackdekor an den hinteren Kotflügeln. An der Karosserie hat Blaser weitere Änderungen vorgenommen. Den bisher einteiligen Heckdeckel ersetzen eine kurze Motorabdeckung hinter dem Fahrer und eine Heckklappe. Auch Hermann Schulthess und seine Frau treffen bei diesem Anlass auf Ferry Porsche und ihren ehemaligen Roadster.

1958 endet die Odyssee des 356 „Nr. 1“. Richard von Frankenberg, Rennfahrer und Chefredakteur des Porsche-Kundenmagazins „Christophorus“, wird auf den Prototypen aufmerksam. Er nimmt mit Franz Blaser Kontakt auf und tauscht den mittlerweile zehn Jahre alten Roadster gegen einen gebrauchten Speedster ein. Der erste Porsche ist zurück bei seinen Erbauern. Als einer der wenigen Automobilhersteller besitzt das Unternehmen seither das erste Fahrzeug der Marke im Original.

1960 präsentiert das Kundenmagazin Christophorus stolz den Roadster als das Urmodell der Porsche Sportwagen. Noch trägt er die Lackierung des letzten Schweizer Besitzers Franz Blaser. Wenig später wechselt das Unikat erneut die Farbe zu einem silbernen Grundton mit roten speerförmigen Grafiken auf den vorderen Kotflügeln, so genannten „Spears“.

Der Porsche 356 „Nr. 1“ Roadster **1960** **Zuffenhausen**

Auslieferungshalle im Porsche Werk II

PORSCHE
Nr. 1

Vorherige Doppelseite: **1960 empfängt der neu lackierte Roadster gemeinsam mit drei weiteren Pretiosen der Porsche Historie Kunden und Besucher in der Auslieferungshalle des Werks II. Rechts neben dem ersten Sportwagen der Marke der Austro Daimler Typ Sascha ADSR, der Typ 356 SL sowie der Typ 360 Cisitalia.**

Der 356 „Nr. 1“ wird zum Stargast zahlreicher Events. Stolz präsentiert Porsche den Heimkehrer mit schmaleren Kontraststreifen auf den vorderen Kotflügeln beim Clubtreffen 1963 in Baden-Baden. Mit dabei sind der Sportwagen Austro Daimler „Sascha“ ADSR, den Ferdinand Porsche 1922 konstruierte, und der 356 SL.

Der Porsche 356 „Nr. 1“ Roadster **1963** **Baden-Baden**

Obwohl er nur ein Rennen bestritt, steht der 356 „Nr. 1“ Roadster in den 1960er Jahren bei Ausstellungen regelmäßig in einer Reihe mit Porsche-Rennwagen. Hier mit dem Austro Daimler ADS R „Sascha“, dem 356 SL und dem Typ 360 Cisitalia aus der Porsche-Sammlung.

Der Porsche 356 „Nr. 1“ Roadster **1963** **Zuffenhausen**

1963 treffen sich im Hof des Porsche Werkes in Zuffenhausen fünf Generationen Porsche-Sportwagen. Im Vordergrund der brandneue Typ 901, der 1964 in 911 umbenannt wird. Dahinter ein „Sascha“, der 356 „Nr. 1“ Roadster, ein 356 B Carrera 2 Coupé und ein 356 SL.

Porsche packt den Solitär nicht in Watte. Bei seinen Einsätzen als Markenbotschafter ist immer auch die Gefahr gegeben, dass es zu Missgeschicken kommt. 1969 werden bei einer Karambolage Front und Heck eingedrückt.

PORSCHE

Die inzwischen wieder reparierte „Nummer 1“ im Mittelpunkt: 1970 ziehen die Klassiker der firmeneigenen Sammlung in das erste Porsche Museum um. Die kleine Halle in Korntal nahe Zuffenhausen empfängt nur ausgewählte Besucher.

Am Vorabend des 24-Stunden-Rennens von Le Mans 1970 feiert Porsche die Markentreue der Teams von 21 für den Start angemeldeten Porsche mit einem Empfang im französischen Château de Courtanvaux. Dort erwarten die Gäste neben dem 356 „Nr. 1" Roadster die Fahrzeuge 917 Coupé mit der Fahrgestellnummer 917 001 als Langheck (hinten), 718 RS 60, 356 SL und 356 B 2000 GS Carrera GT „Dreikantschaber" aus der werkseigenen Sammlung.

Porsche Empfang vor Le Mans 1970

ca. 1970 **Zuffenhausen**

Der Stammvater aller Porsche-Sportwagen mit den Stars der 1960er Jahre: Einem zivilen 911 2,0 Coupé (gelb) sowie den Rennlegenden Porsche 906 KH (grün), 904 (rot) und 804 (vorne).

1971 **Brüssel**

Zwei legendäre Nummern: Der 356 „Nr. 1“ neben dem Le-Mans-Sieger Porsche 917 von 1970 mit der Startnummer 23 beim internationalen Autosalon von Brüssel 1971. Mittlerweile umfasst das Modellprogramm den 911 als Coupé und Targa sowie den VW-Porsche 914.

25 Jahre
Fahren
in seiner
schönsten
Form
PORSCHE
Dr.-Ing.h.c.F. Porsche AG, Stuttgart-Zuffenhausen, Printed in Germany SVA

Zum 25. Geburtstag präsentiert sich die Ikone wieder im schlichten einfarbigen Design. Ferry Porsche feiert mit dem ersten Sportwagen, der seinen Namen trägt, 1974 das Jubiläum der Marke. Rechts neben dem Firmengründer Rennfahrerlegende Herbert Linge, Dorothea Porsche, Ferdinand Alexander Porsche, Brigitte Porsche und Louise Piëch.

Der Porsche 356 „Nr. 1“ Roadster **1974** **Weissach**

Die „Nr. 1“ vor der Restaurierung

Auch als offizielles Museumsstück setzt der Ur-Porsche keinen Staub an. Der Roadster wird immer wieder gefahren, hier vom damaligen Leiter der Porsche Öffentlichkeitsarbeit Manfred Jantke. Ein weiterer Fototermin im Sommer 1979 muss allerdings abgesagt werden: Der Zweisitzer kommt auf dem Transport zu den Aufnahmen zu Schaden und muss im Werk erst wieder instandgesetzt werden.

Die „Nr. 1“ vor der Restaurierung

Der Porsche 356 „Nr. 1“ Roadster **1974** **Weissach**

SUNOCO
PORSCHE
AUDI
S-AY 2511

Der Porsche 356 „Nr. 1“ Roadster 1974 Weissach

Die „Nummer 1“ und ihr Erbe: So eigenständig sie auch sind, in allen Generationen von 356 und 911 sowie bei den Rennwagen ist die Design-DNA des ersten Porsche bis in die 1980er Jahre in erkennbar. Auch technisch verbindet sie Gemeinsamkeiten. Alle werden von luftgekühlten Boxermotoren mit unterschiedlicher Zylinderzahl angetrieben, die bei den Rennwagen vor der Hinterachse liegen. Die Auslegung mit Mittelmotor ist ein typisches Konstruktions-prinzip von Porsche, das 1934 mit dem Typ 22 Auto Union-Rennwagen beginnt und bis in die Gegenwart führt.

Der 356 „Nr. 1“ Roadster bei einer Ausstellung in London 1974. Im Hintergrund der 911 Carrera RSR Turbo 2.1

Autoausstellung London

christophorus

Nr.128/Mai 1974

25 JAHRE

FAHREN IN SEINER SCHÖNSTEN FORM

PORSCHE

25 JAHRE

Ing. Robert Braunschweig in Kreisen der Automobilindustrie oder der Automobilpresse vorstellen zu wollen, hieße die sprichwörtlichen Eulen nach Athen tragen. Für den Leser, der weder diesem noch jenem Gremium angehört: Robert Braunschweig, 61, ist Chefredakteur der international renommierten „Automobil Revue", der ersten Automobilzeitung der Schweiz. Er gilt als einer der profundesten Kenner des Automobils und seiner Welt überhaupt: sein Urteil wird in Detroit ebenso gehört wie in Turin, Birmingham, Bilancourt oder Wolfsburg. Seine Vertrautheit mit Porsche-Konstruktionen reicht bis in die Vorkriegszeit zurück und umfaßt neben den verschiedensten Straßenfahrzeugen selbst den Leopard-Panzer, den der Schweizer Milizoberst schon vor Jahren lenkte.

DIE ERFÜLLUNG

Von Robert Braunschweig

Sein Leben restlos in den Dienst der Motorfahrzeugtechnik zu stellen und ein Auto für jedermann zu schaffen – das waren die Träume Ferdinand Porsches. Er konnte sie erfüllen, wenn auch oft mit Mühsal, unter Enttäuschungen und unter Rückschlägen. Zu welchen Höhen sein Werk über seinen Tod hinaus führen würde, ahnte er trotz seines Vertrauens in seine Nachkommen kaum.

*

Nur wenige Einzelpersonen haben die Geschichte des Automobils so maßgebend beeinflußt wie er. Seine historische Geltung liegt nicht in der industriellen Verwirklichung der Volkswagenidee. Sie war zum Teil, welch bittere Ironie, ein Nebenprodukt eines der düstersten Kapitel der Geschichte Europas. Doch an den technischen Voraussetzungen für die allgemeine Motorisierung hatte er einen entscheidenden Anteil.

Zwar ist die Idee von der Mobilität für jedermann so alt wie die Suche nach dem selbstfahrenden Auto. Als ihre Verwirklichung denkbar wurde, schieden sich die Wege beidseits des Atlantik. In den USA gelang es Henry Ford, den Bewohnern seines durch oft kaum befahrbare Pfade erst halbwegs erschlossenen Teilkontinentes die ersehnte Beweglichkeit durch ein simples, auch auf Holperpisten verwendbares Fahrzeug zu bringen. In Europa ging die Suche nach dem Auto für alle vom Motorfahrzeug der gesellschaftlichen Elite aus, das damals schon einen ansehnlichen Stand erreicht hatte. Manche stellten sich das Volksauto als verkleinertes, kaum mehr als zweisitziges, wenig wettergeschütztes Normalauto für in jeder Hinsicht bescheidene Ansprüche vor, wie es dann Herbert Austin, André Citroen und andere in größeren Stückzahlen herstellten. Zahlreiche Vorschläge für konstruktiv höherstehende Lösungen drangen nicht bis zur industriellen Produktion durch.

*

Ferdinand Porsches Konzept vom Volkswagen, dem er sich seit frühen Jahren neben seiner vielfältigen Konstruktionsarbeit gewidmet hatte, war weder eine Verkleinerung großer, konventioneller Autos noch ein Kleinstfahrzeug ungewöhnlicher Bauart. Die technischen Lösungen sollten vielmehr ein anspruchsvolles Pflichtenheft erfüllen. Es sah vor: Raum für eine Familie, damals allerdings noch mit wenig Gepäck, hohe Dauergeschwindigkeit, Stromform, um mit einem kleineren, sparsamen Motor auszukommen, genügend Fahrsicherheit und Komfort nicht nur auf den damals eben erst aufkommenden Autobahnen, sondern auch auf dem zum Teil noch recht mangelhaften Straßennetz Europas. Bewußt oder unbewußt suchte er mit seinen hochqualifizierten Mitarbeitern nicht nach bestimmten Konstruktionslösungen, sondern nach Wegen zur Erfüllung der Forderungen, die auch Dauerqualität einschlossen.

Für ein innen geräumiges, außen nicht zu großes Auto konnten sich zukunftsgerichtete Ingenieure schon damals keine Kardanwelle vorstellen. Der kombinierte Motor-Antriebsblock war deshalb gegeben. Doch der Frontantrieb, von DKW und Citroen zwar bereits industriell verwirklicht, galt noch nicht als voll vertrauenswürdig, so wegen der noch nicht genügenden Lebensdauer der Antriebsgelenke und der zu ge-

Der erste Porsche-Test. 1948 fuhr Robert Braunschweig den Porsche Nr. 1 mit Mittelmotor, den er bei dieser Gelegenheit vor seinem Wohnhaus in Bern aufnahm.

ringen Belastung der Antriebsräder auf den damals noch zahlreichen Steilstrecken. So war der Heckmotor gegeben. Aus Gründen der Aerodynamik und der Kühlung, aber auch wegen der damals bedeutenden betrieblichen Vorteile, war der Schritt zur Luftkühlung natürlich. Auch wenn wir uns heute das Massenauto nurmehr mit Frontantrieb als zeitgemäß vorstellen können, so war die Bauart des Volkswagens von Ferdinand Porsche eine zwingend notwendige Stufe zur heutigen Technik. Auch die Aufhängungsart, vorn mit Karl Rabes Drehstäben und Doppelkurbellenkern, hinten mit Pendelachse, galt damals als Fortschritt, und Porsche verwendete eine ähnliche Bauweise auch in einem Entwicklungsauftrag für Alfa Romeo.

*

Doch mit dem Volkswagen erschöpft sich Ferdinand Porsches bleibende Bedeutung keineswegs. Dem stets ideensprühenden, dabei mit beiden Füßen auf der technischen Realität stehenden, eigenwilligen und manchmal unbequemen Chefingenieur glückte es schließlich, wenn auch scheinbar durch den Zwang ungünstiger Umstände, seinen Traum von einer Entwicklungsstätte zu realisieren, die nicht unter dem direkten Druck von Unternehmen stand, deren Streben nach höchster Rationalisierung für schöpferische Tätigkeit weit weniger Spielraum lassen kann. Als Erschaffer neuer Fahrzeuge und Aggregate aller möglichen Spielarten erreichte Porsche in der Reife seines Lebens jene ersehnte, wenigstens teilweise und oft durch Sorgen verdüsterte Unabhängigkeit, ohne aber als anonymer Ideenzulieferer über Gebühr in den Hintergrund treten zu müssen. Dennoch: Erst später wird man vielleicht einmal erfahren, wie Vieles und Vielfältiges für Auftraggeber aus aller Herren Länder in Stuttgart erdacht und geschaffen worden ist.

Wenige Jahre vor seinem Tode erlebte Ferdinand Porsche schließlich, daß nicht nur sein technisches Entwicklungszentrum, sondern auch Autos eigener Produktion seinen Namen trugen. Die beiden Tätigkeitsgebiete behinderten sich nicht etwa, sondern waren und sind heute noch eine Quelle gegenseitiger Bereicherung.

Wie das Auto selbst, so durchlief auch Porsche die Stadien des auf sich selbst basierenden Erfinders, des Konstrukteurs und des Leiters einer Mannschaft. Er erlebte die vielfältige Durchdringung unseres Lebens durch das Motorfahrzeug, die er als junger Mann erahnt und mit vorbereitet hat.

Start zum schnellsten Automobilzeitungs-Test der 50er Jahre. Robert Braunschweig am Lenkrad des Mercedes-Benz 300 SLR in Coupéausführung, dessen Spitze er mit 288 km/h ermittelte.

Dr.-Ing. Giovanni Graf Lurani Cernuschi, junggebliebener Techniker und Journalist, feiert noch in diesem Jahr seinen 70. Geburtstag. Während Jahrzehnten zählte er als Rennfahrer, Autor, Verleger, technischer Kommissär und hoher internationaler Funktionär zu den ganz großen Persönlichkeiten des Motorsports. Zu seinen aktiven Erfolgen zählen Klassensiege an der Mille Miglia, in Le Mans, an der Targa Florio und in Brooklands, Siege am Stilfser Joch, am Klausen und am Schauinsland, 30 internationale Rekorde und drei italienische Meisterschaften.

VIER JAHRZEHNTE AN DER SPITZE DES AUTOMOBIL SPORTS

Von Giovanni Lurani Cernuschi

Graf Luranis Würdigung der Rolle, die Ferdinand Porsche im Automobilsport spielte, ist angereichert mit persönlichen Reminiszenzen: der sportliche italienische Edelmann hat die Wege des Ritters der italienischen Krone (Porsche) an wichtigen Stationen mehrmals gekreuzt. Auf einem Porsche 356 errang er schließlich 1952 in einem seiner letzten Rennen den ersten Mille-Miglia-Klassensieg für die Marke Porsche.

Wenn er auch gegen Ende seines Lebens schmerzhafte Ereignisse und Ungerechtigkeiten erleben mußte, so hat Professor Ferdinand Porsche in seinem arbeitsreichen Leben doch unvergleichliche Befriedigungen erleben dürfen. Bei der Trauerfeier im Jahr 1951 sagte der damalige

Der Porsche 356 „Nr. 1“ Roadster 1975 Stuttgart-Vaihingen

1938
1939
1941
1939
1941
1947
1948
1948
1950
1950
1950
Porsche Typ 356/1
PORSCHE

Vorherige Doppelseiten: **Zu Ehren des 100. Geburtstages von Ferdinand Porsche geht der Roadster 1975 wieder auf Reisen. Nahegelegenes Ziel ist die Universität Stuttgart-Vaihingen, wo Ferry Porsche als Ehrengast die Ausstellung "100 Jahre Ferdinand Porsche" besucht. Ein Schnappschuss zeigt ihn im 356 „Nr. 1“ mit Professor Dr. Karl Heinz Hunken, dem Rektor der Universität Stuttgart, auf dem Beifahrersitz.**

Danach geht es zu einer weiteren Jubiläumsausstellung nach Wiener Neustadt in Österreich. Als Festredner steht Professor Robert Eberan von Eberhorst am Pult, der eng mit Ferdinand Porsche zusammenarbeitete und dem Unternehmen Porsche verbunden blieb. Erneut kommt es auf dem Rücktransport im Oktober 1975 zu einem Zwischenfall: Auf der Reise von Österreich nach Zuffenhausen wird der rechte Vorderkotflügel eingedrückt. Einen Monat später zieren mehrere Dellen den hinteren rechten Kotflügel, als der Wagen von einer Ausstellung aus München zurückkehrt.

PORSCHE
STUTTGART

Der 356 „Nr. 1" Roadster aus der Sicht Erich Strengers im Stil der 1950er Jahre. Der freie Grafiker gestaltet von 1951 bis 1987 Verkaufskataloge, Betriebsanleitungen, Werbeanzeigen und etliche Druckerzeugnisse für Porsche. Begehrte Sammlerstücke sind seine Rennplakate, die teils über Nacht nach den Siegen in großen Wettbewerben bereits in Porsche-Verkaufsräumen und Werkstätten hingen.

PORSCHE
K 45·286

Der Porsche 356 „Nr. 1" Roadster

1970er Jahre

Zuffenhausen

Der 356 vor der Restaurierung

Der Porsche 356 „Nr. 1“ Roadster

1976/1980

Zuffenhausen

1976 richtet Porsche im Zuffenhausener Werk 2 erstmals ein Museum ein, das für die Öffentlichkeit zugänglich ist. An prominenter Stelle (links im Bild) empfängt der 356 „Nr. 1“ Roadster künftig die Besucher.

Die Teilnehmer des Porsche Clubpräsidententreffen begutachten 1980 den 356 „Nr. 1“ Roadster im Porsche Museum.

1981

Ferry Porsche / Nürburgring

1981. Porsche blickt auf 50 erfolgreiche Jahre als Konstruktionsbüro zurück. Ein Fundament, das die Entwicklung des Roadsters überhaupt möglich gemacht hat. Zu diesem Anlass wird der 356 „Nr. 1" seinem Urzustand wieder angeglichen. Die Zierleisten auf der Front kehren zusammen mit den Stoßfängern zurück. Die Radausschnitte enden originalgetreu kantiger und auch die Rückleuchten kehren zur Form von 1948 zurück. Doch der Roadster behält auch einen Teil seiner gelebten Geschichte: Die Zweiteilung von Motordeckel und Heckhaube bleibt ebenso erhalten wie die Einzelsitze und die umfangreicheren Armaturen. Auch technisch bleibt das Einzelstück auf letztem Stand mit 1,5-Liter-Motor und großen hydraulischen Bremsen.

1981 **Nürburgring**

PORSCHE
PORSCHE NR. 1
1948

NÜR BURG RING

Motoroel
Mit günstigem Baugeld
zum eigenen Haus.
Schultheis
SYNTHRON
UNIROYAL
REGENREIFEN
UNIROY

PORSCHE
Faszination
Große Publikumsausstellung
Stuttgart Killesberg
8. 12. – 16. 12. 84
Mit
NIKI LAUDA
JOCHEN MASS
JACKY ICKX
STEFAN BELLOF
Öffnungszeiten:
Täglich 11.00Uhr bis 20.00 Uhr
Sa./So. 9.00Uhr–18.00 Uhr
Eintrittspreise:
Erwachsene 8,– DM.
Jugendliche, Studenten, Rentner,
Schwerbeschädigte und wehr-
pflichtige Soldaten mit Ausweis
4,– DM Gruppen ab
10 Personen 6,– DM.
Veranstalter:
Stuttgarter Messe- und
Kongress-GmbH

1984 veranstaltet die Stuttgarter Messe und Kongress GmbH auf dem Stuttgarter Killesberg eine große Publikumsausstellung mit dem Thema „Faszination Porsche“. Als Blickfang auf dem Plakat wirbt der 356 „Nr. 1“ gemeinsam mit dem Typ 959 für das Event.

Peter W. Schutz (links), Vorstandsvorsitzender der Porsche AG von 1981 bis 1987, mit einem Kinderauto vor dem 356 „Nr. 1“ Roadster. Schutz ist es zu verdanken dass der 911 nicht wie ursprünglich geplant 1982 eingestellt wird.

Übergabe des fahrbaren Modellautos an einen Kunden

Wiedersehen nach über 30 Jahren: 1986 besuchen Peter Kaiser (mit Lederjacke) und Hermann Schulthess ihren einstigen Sportwagen im Porsche Museum. Kaiser ist der Erst- und Drittbesitzer des 356 „Nr. 1“ Roadsters, Schulthess erwirbt ihn als Siebter. Die beiden Freunde verbinden viele gemeinsame Erinnerungen mit dem Roadster, die an diesem Tag zur Sprache kommen.

30

Das Automobil feiert 1986 seinen 100. Geburtstag. Ferry Porsche hat seinen ersten eigenen Sportwagen zur ZDF-Fernsehshow in die Dortmunder Westfalenhalle mitgebracht.

Der Porsche 356 „Nr. 1“ Roadster **1987** **Bologna**

1987 ist die Ausstellung "Porsche Faszination" einer der Höhepunkte der Motorshow Bologna. Zusammen mit dem ersten Sportwagen der Marke präsentiert Porsche dem motorsportbegeisterten italienischen Publikum mehr als 25 Porsche-Rennsportwagen aus vier Jahrzehnten. Zur Eröffnung reisen Dr. Wolfgang Porsche (3.v.l.), der damalige Vorstandsvorsitzende Peter W. Schutz mit Gattin Sheila (Mitte) und Porsche-Finanzvorstand Heinz Branitzki (rechts) nach Italien.

PORSCHE
WELTMEISTER
WORLD CHAMPION
CHAMPION DU MONDE
DUNLOP
ninth annual
MONTEREY
HISTORIC
AUTOMOBILE RACES
K 45-286

1990 geht die Reise nach Japan. In vier bedeutenden Kunstmuseen Tokios ist der Roadster im Rahmen einer Porsche-Sonderausstellung zu sehen. An der offiziellen Eröffnung nehmen Wolfgang Porsche (links) sowie (v.r.n.l.) Manfred Jantke, Leiter Porsche Öffentlichkeitsarbeit, Peter Schneider, Leiter Porsche Museum, sowie Hans-Michel Piëch teil.

Der Porsche 356 „Nr. 1“ Roadster 1990 Weissach

szination Porsche“

rtwagen: Typ 356
K
45286

Naissance de la 1ère voiture de sport Porsche: le type 356
Der erste Porsche- Sportwagen: Typ 356
Le prototype
La fabrication manuelle s'organise
Production de la Porsche 356 de 1948 à 1965
Produktion des Porsche 356 von 1948 - 1965
Le savoir-faire au service de la série

Porsche-Konstruktionen 1894 - 1950
Porsche-Konstruktionen 1894 - 1950
K
45286

„Am Anfang schaute ich mich um, konnte aber den Wagen, von dem ich träumte, nicht finden. Also beschloss ich, ihn mir selbst zu bauen.“ Ferry Porsche feiert 1994 seinen 85. Geburtstag im Porsche 356 „Nr. 1“. Es ist eine der letzten Aufnahmen von Schöpfer und Werk.

Der Porsche 356 „Nr. 1" Roadster | **1994** | **Zell am See**

Anlässlich seines Geburtstages entsteht ein Kalender mit Zeichnungen in deren Mittelpunkt Ferry Porsche steht. Der Firmenchef verteilt ihn als Erinnerung an seine Mitarbeiter. Zwei Motive zeigen ihn mit dem Roadster, der als erster Sportwagen seinen Namen trägt. Das rechte Bild ist eine Collage aus Szenen, die 1948 in Gmünd fotografiert wurden.

K
5286

1998 feiert Porsche den 50. Geburtstag des ersten Sportwagens und damit der Marke. Zu diesem Anlass gibt das Unternehmen eine Broschüre heraus deren Titel der zeitlos elegante Roadster ziert.

PORSCHE
50 Jahre Porsche
Eine Bilanz

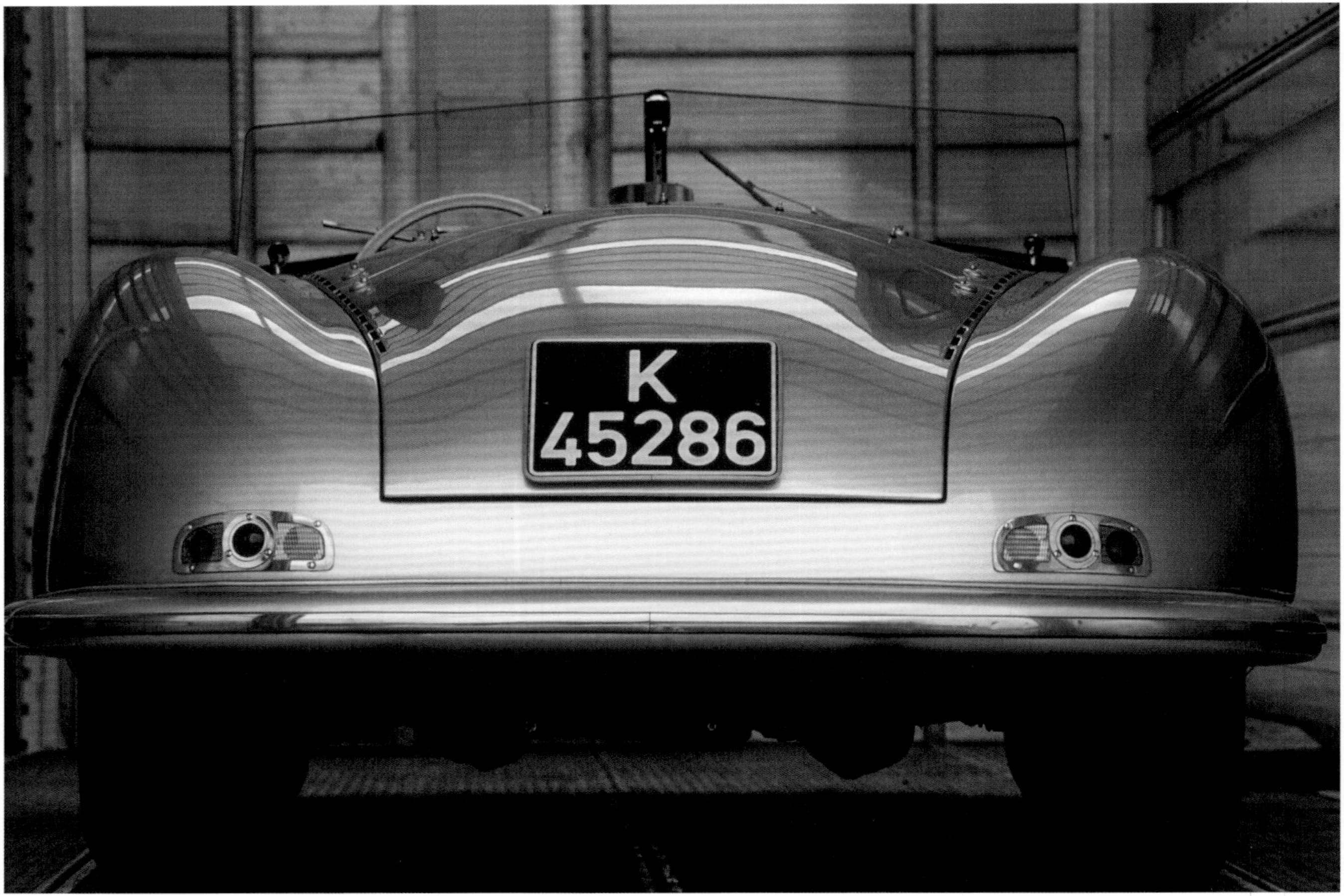
K
45286

Zeitlos

Mittlerweile 50 Jahre alt ist der 356 „Nr. 1“ als Markenbotschafter in aller Welt unterwegs. Während der Roadster beim Straßeneinsatz unversehrt bleibt, kommt es im Sommer 1998 zu einem Zwischenfall. Auf dem Transport nach Monterey zu der Veranstaltung „50 Jahre Porsche“ wird der Sportwagen in Chicago in ein anderes Flugzeug umgeladen. Dabei verunfallt der 356 „Nr. 1“ mit einem Gabelstapler und muss aufwändig repariert werden. Es bleibt bei der Motorisierung mit einem leistungsstärkeren Motor mit zwei Vergasern.

XW
Lufthansa
Express
D-ABXW
Stuttgart
MARTINI
PORSCHE
4
Shell
K45-286

1998

Weissach

Der Roadster begleitet die Premieren ausgesuchter Sportwagen-Neuheiten. 1998 die Einführung des 911 Carrera Cabrios der Generation 996 erstmals mit wassergekühltem Sechszylinder-Boxermotor.

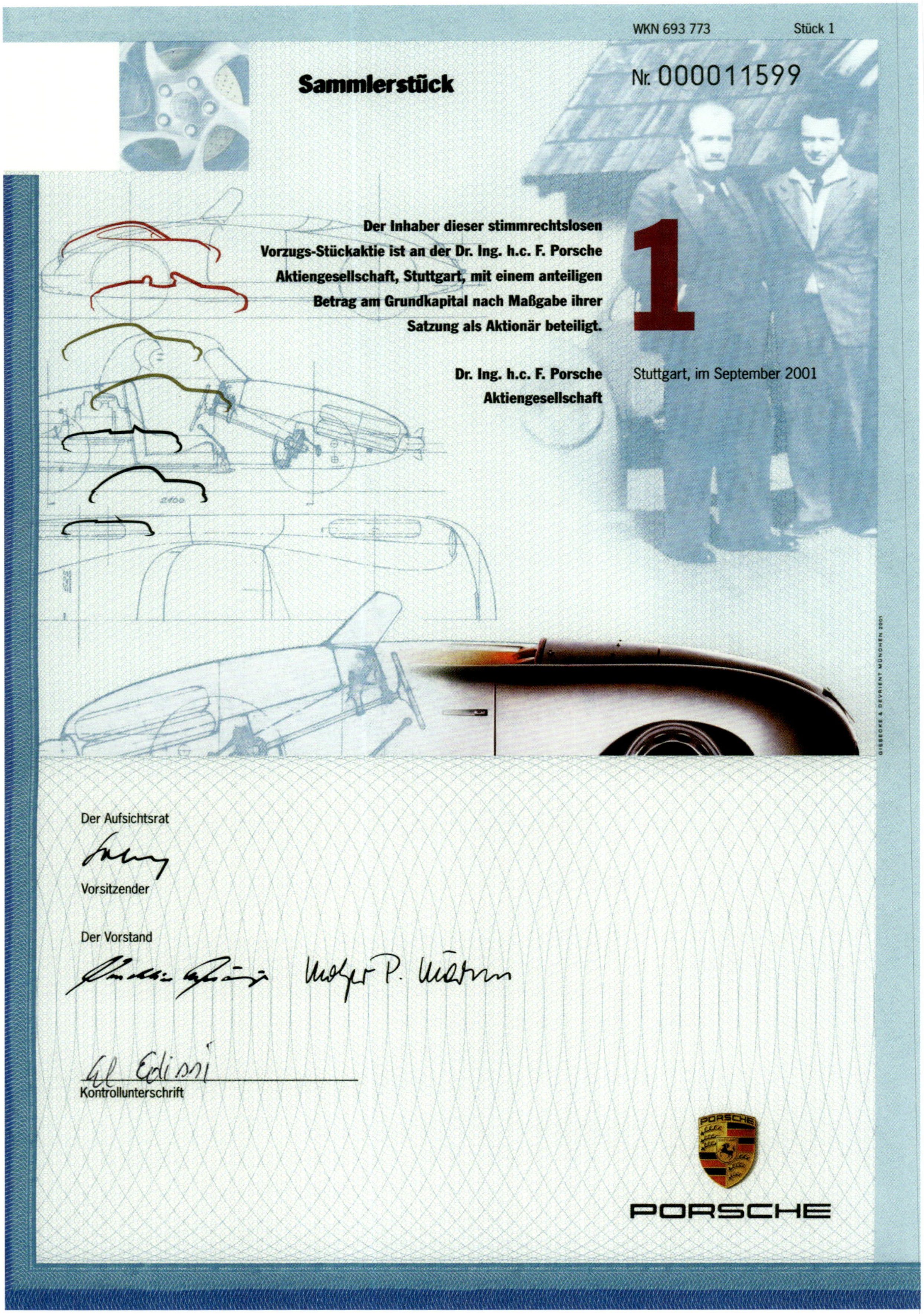

WKN 693 773 Stück 1

Sammlerstück

Nr. 000011599

Der Inhaber dieser stimmrechtslosen Vorzugs-Stückaktie ist an der Dr. Ing. h.c. F. Porsche Aktiengesellschaft, Stuttgart, mit einem anteiligen Betrag am Grundkapital nach Maßgabe ihrer Satzung als Aktionär beteiligt.

1

Dr. Ing. h.c. F. Porsche Aktiengesellschaft

Stuttgart, im September 2001

Der Aufsichtsrat

Vorsitzender

Der Vorstand

Kontrollunterschrift

PORSCHE

GIESECKE & DEVRIENT MÜNCHEN 2001

Der Porsche 356 „Nr. 1" Roadster 2001 Stuttgart

Historische Werte: Teilansicht und Konstruktionszeichnungen des 356 „Nr. 1“ Roadsters auf einer Vorzugs-Stückaktie vom September 2001, hier als Sammler-Ausgabe. Zu diesem Termin splittet die Porsche AG ihre Aktien im Verhältnis 1:10 und stellt auf Stückaktien um.

2002 führt der 356 „Nr. 1“ Roadster bei der offiziellen Eröffnung des Werks Leipzig die Parade historischer Porsche Sportwagen an. Es ist die erste Porsche Produktionsstätte außerhalb von Stuttgart-Zuffenhausen. Das Werk hat eine besondere Bedeutung, hier beginnt die Erfolgsgeschichte des Porsche Cayenne.

Präsentation des Cayenne

The New
Boxster
PORSCHE
PORSCHE
K45-286

In Los Angeles wurde im November 2008 die überarbeitete Variante der zweiten Boxster Generation vorgestellt. Ebenso wie der 356 „Nr.1" Roadster hat der Boxster einen Mittelmotor – dieses Konstruktionsprinzip gilt als fahrdynamisch unübertroffen ausgewogen.

Familientradition: Dr. Wolfgang Porsche, jüngster Sohn von Ferry Porsche, im Jahr 2008 mit dem 356 „Nr. 1“ Roadster.

Publikumsmagnet: 2009 stand der 356 „Nr. 1“ Roadster im Mittelpunkt der Eröffnung des neuen Porsche Museums. Seither hat der Roadster über vier Millionen Besucher begrüßt. Wenn er nicht gerade im Straßeneinsatz ist.

Eröffnung des neuen Porsche Museums

'I couldn't find the car I'd been dreaming of –
a light, small sports car that uses energy efficiently.
So I decided to build it myself.'

Dr. Ing. h.c. Ferry Porsche

100 years
Ferry Porsche

PORSCHE

« Nous nourrissons tous le vœux d'être immortels. C'est pourquoi nous cherchons à laisser derrière nous une preuve de notre existence, quelque chose qui démontre que ce que nous avons réalisé avait un sens. »

Dr. Ing. h.c. Ferry Porsche

100 ans
Ferry Porsche

PORSCHE

K45-286

K45-286

K
45286

K 45·286

K
45286

Umbau zum Jubiläum: Original mit verändertem Stand

160
140
120
100
80
60
40
20

20
40
60

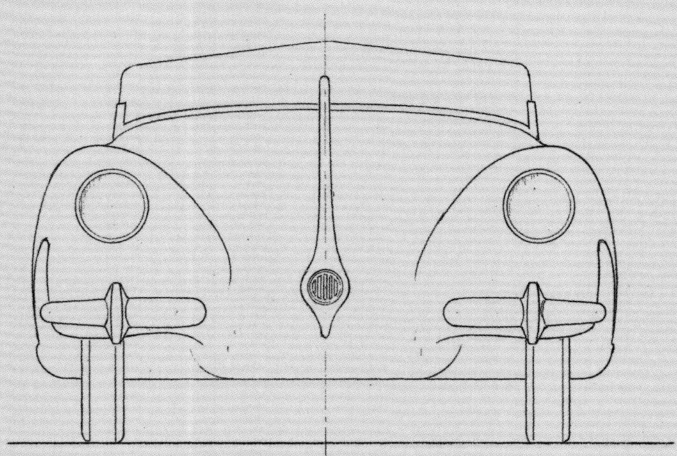

Um die Geschichte des ersten Porsche-Sportwagens einerseits zu bewahren und andererseits an die ursprüngliche Form des Roadsters zu erinnern, baut das Porsche Museum zum 70. Jubiläum der Marke ein Showcar in der Optik von 1948. Alle verfügbaren Daten werden herangezogen: digitalisierte Messdaten des Roadsters in seinem heutigen Zustand, Konstruktionszeichnungen, Fotografien und Beschreibungen aus dem Bestand des Unternehmensarchivs. Auf dieser Datenbasis entsteht ein Modell, das die signifikanten Unterschiede im direkten Vergleich offenbart.

So reichte der ursprünglich einteilige und hinten angeschlagene Heckdeckel vom Passagierraum bis knapp über die hintere Stoßstange. Bei der Unfallreparatur des Originalfahrzeugs 1953 wurde er durch eine zweiteilige Konstruktion mit einem Querblech über dem Motor und einer kürzeren Haube über dem hinteren Stauraum ersetzt. Zudem lief die ursprüngliche Karosserie nach hinten schmaler aus. Auch die Front wies 1948 eine deutlich spitzere Pfeilung mit einer ausgeprägten Bugspitze auf.

Mit computergefrästen Holzmodellen als Lehren entsteht der Nachbau der ursprünglichen Roadster-Karosserie wie vor 70 Jahren in Handarbeit aus Aluminiumblechen. Die Bleche werden wie 1948 mit Handwerkzeug gebogen, gezogen und getrieben.

Diese Originalität geht bis in die Zusammensetzung der Lackierung: Um den exakt gleichen Farbton zu treffen, werden an dem mehrfach überlackierten Original-Sportwagen unter dem Armaturenbrett Schichtproben genommen und analysiert. Dort ist eine der wenigen Karosseriestellen, die nicht schon einmal ausgetauscht wurden. Unterste Schicht ist eine gelbe Grundierung, darüber ein graublauer Farbton. Genau so ist der Showcar lackiert. Zeitgenössische Armaturen mit exakt dem Original angepassten Zifferblättern flankieren die Lenksäule, die Sitzbank ist durchgehend und selbst die Knüpfung der Teppiche entspricht der von vor 70 Jahren.

Mit originalgetreuen Holzformen als Prüfwerkzeuge, Lehren genannt, entsteht 2018 als Demonstrationsobjekt ein Nachbau der ursprünglichen „Nr. 1"-Karosserie – wie vor 70 Jahren in Handarbeit aus Aluminium. Die Bleche werden wie 1948 mit Handwerkzeug gebogen, gezogen und getrieben. Zeitgenössische Armaturen mit exakt an das Original angepassten Zifferblättern flankieren die Lenksäule. Selbst die Knüpfung der Teppiche entspricht der von 1948. Fahren kann der Nachbau allerdings keinen Meter: Ein Motor ist in dem Gitterrahmen nicht vorgesehen, die Hinterachse besteht aus einem schlichten Rohr. Die Vorderachse samt Lenkung und Lenkrad stammt wie beim Original von einem Volkswagen „Käfer".

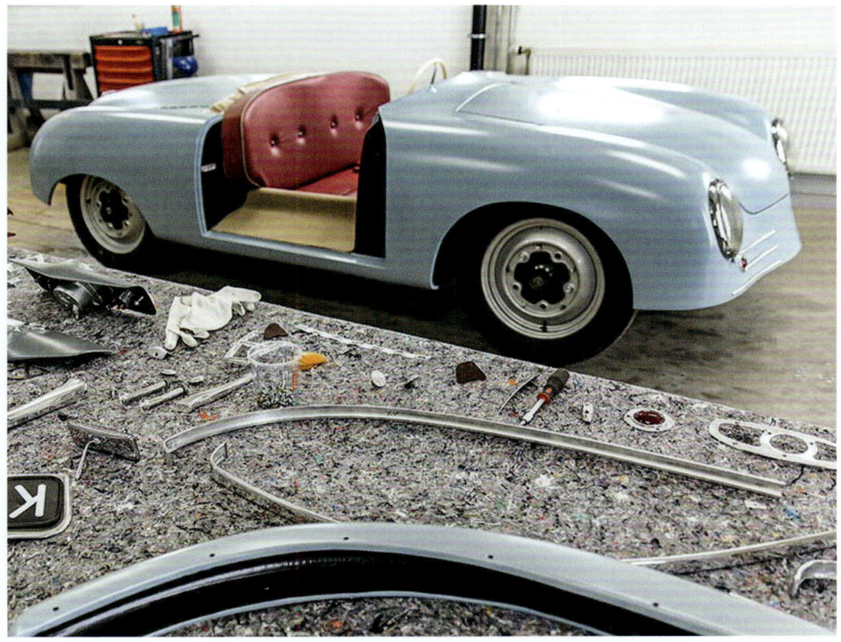

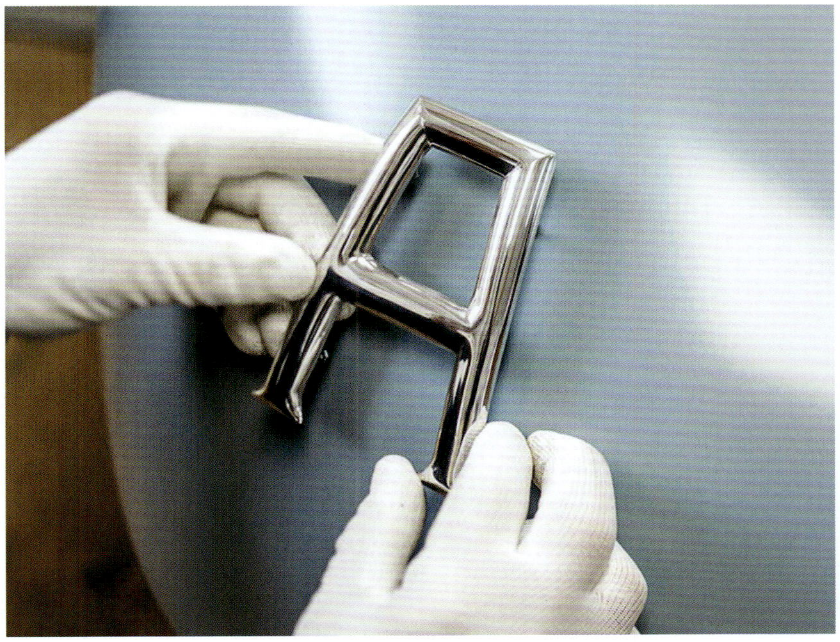

K 45·286

K45-286

Der 356 „Nr. 1“ Showcar vertritt den Solitär zum Jubiläum im Drive Forum in Berlin.

"I always want to drive the latest car, the very latest, that nobody yet has."
„Wir haben uns nicht damit begnügt, einen Sportwagen zu bauen, der nur sportlich ist."
LEGENDÄR
LEGENDARY
VISIONARY
"To be truly aesthetic, truly timeless, any design must be functionally justified."
„Ich konnte den Sportwagen meiner Träume nicht finden, also habe ich ihn selbst gebaut."
70 1948 2018
PORSCHE
FASZINATION SPORTWAGEN
K 45-286

2018

Warschau

empik

Der Porsche 356 „Nr. 1“ Roadster **2018** **Zuffenhausen**

Der Ursprung von 70 Jahre Sportwagengeschichte: Der 356 „Nr. 1“ Roadster präsentiert sich zum runden Geburtstag 2018 im Porsche Museum.

Die Welttournee des Roadsters führt 2018 auch nach Toronto. Die größte Metropole Kanadas hat für Porsche eine besondere Bedeutung. Sie war der Ausgangspunkt für die Eroberung des nationalen Marktes.

1948
2018
PORSCHE

Gemeinsam mit der Studie „Mission E“, aus der später der Taycan entstand, symbolisiert der Roadster die ungebrochene Innovationskraft von Porsche.

K 45-286
Das Schönste an unserer Geschichte?
Die Zukunftsvision.
Porsche feiert 2018 ein besonderes Jubiläum: 1948 konstruiert Ferry Porsche mit dem 356 Nr. 1 Roadster den ersten Sportwagen mit dem Namen Porsche und verwirklicht damit seine Idee vom sportlichen Fahren. Das Porsche Museum würdigt „70 Jahre Porsche Sportwagen" vom 9. Juni 2018 bis 6. Januar 2019 mit einer Sonderausstellung.
70
1948
2018
PORSCHE
PORSCHE

Der Porsche 356 „Nr. 1" Roadster

2018

Weissach

An der Spitze von insgesamt 70 Porsche geht der Roadster 2018 beim Oldtimer-Event Le Mans Classic auf die berühmte Rennstrecke. Vom ersten Sportwagen bis hin zum 910 war so ziemlich jeder Klassiker aus dem Portfolio der Marke anlässlich des Jubiläumsjahres vertreten.

RICHARD MILLE
LE MANS
CLASSIC
EFG
K 45·286
PORSCHE PORSCHE
RICHARD MILLE

Renaissance: 70 Jahre nach seiner ersten Fahrt in die Schweiz kehrt der 356 „Nr. 1“ Roadster zurück ins Berner Oberland. Eskortiert von klassischen Sportwagen des Typs 356 aus dem Porsche Museum steuerte der Prototyp im Juli 2018 Straßen und Orte seiner damaligen Präsentationsrunde an.

PORSCHE
S GO 648H

Der Porsche 356 „Nr. 1“ Roadster 2018 Bern

Ein besonders symbolträchtiges Ziel ist die Altstadt von Bern mit dem berühmten Zytglogge, dem Zeitglockenturm.

2018 führt der Roadster beim Festival of Speed in England die Parade automobiler Meilensteine auf der Porsche Historie an. Ebenso spektakulär ist im Hintergrund die Skulptur von Gerry Judah, der auch das Kunstwerk vor dem Porsche Museum in Zuffenhausen schuf.

McLaren
MICHELIN
SAMSUNG
K 45-286

„Die Fahrt war ein Genuss“: Dr. Wolfgang Porsche, Sohn von Markengründer Ferry Porsche, dreht bei der Porsche Rennsport Reunion VI in Laguna Seca (USA) eine Ehrenrunde im ersten Sportwagen seines Vaters. An insgesamt vier Tagen treffen 2018 in Kalifornien 81.550 leidenschaftliche Rennsport-Enthusiasten auf rund 2.500 legendäre Fahrzeuge und unvergessene Werksfahrer. Es ist das größte Markenfestival im Jubiläumsjahr zum 70. Geburtstag der Marke.

PORSCHE
RENNSPORT
REUNION
VI
K 45·286

Der Porsche 356 „Nr. 1“ Roadster 2018 Stuttgart

ylinder: Der 356 „Nr. 1“ Roadster sorgt
bei der Porsche Soundnacht 2018.
Valter Röhrl.

Im Frühjahr 2023 wird der 356 „Nr. 1“ Roadster in der Werkstatt des Porsche Museums für das Jubiläumsjahr fit gemacht. Vorübergehend ersetzt der Motor des 356 SL das bisher in diesem Fahrzeug eingebaute Triebwerk des Typs 546. Auch der 546-Vierzylinder ist nicht die Originalmotorisierung, die auf dem Typenschild mit Motor- und Fahrgestellnummer vermerkt ist. Die leistungsstärkere SL-Maschine gilt als besonders zuverlässig und soll sicherstellen, dass der Solitär die in seinem 75. Geburtsjahr geplanten Ausfahrten problemlos absolviert.

356001

PORSCHE KONST
GMÜND – KÄRNTEN
MOTOR No
FAHRGEST. No
EIGENGEWICHT D. FA
GESAMTGEWICHT D.

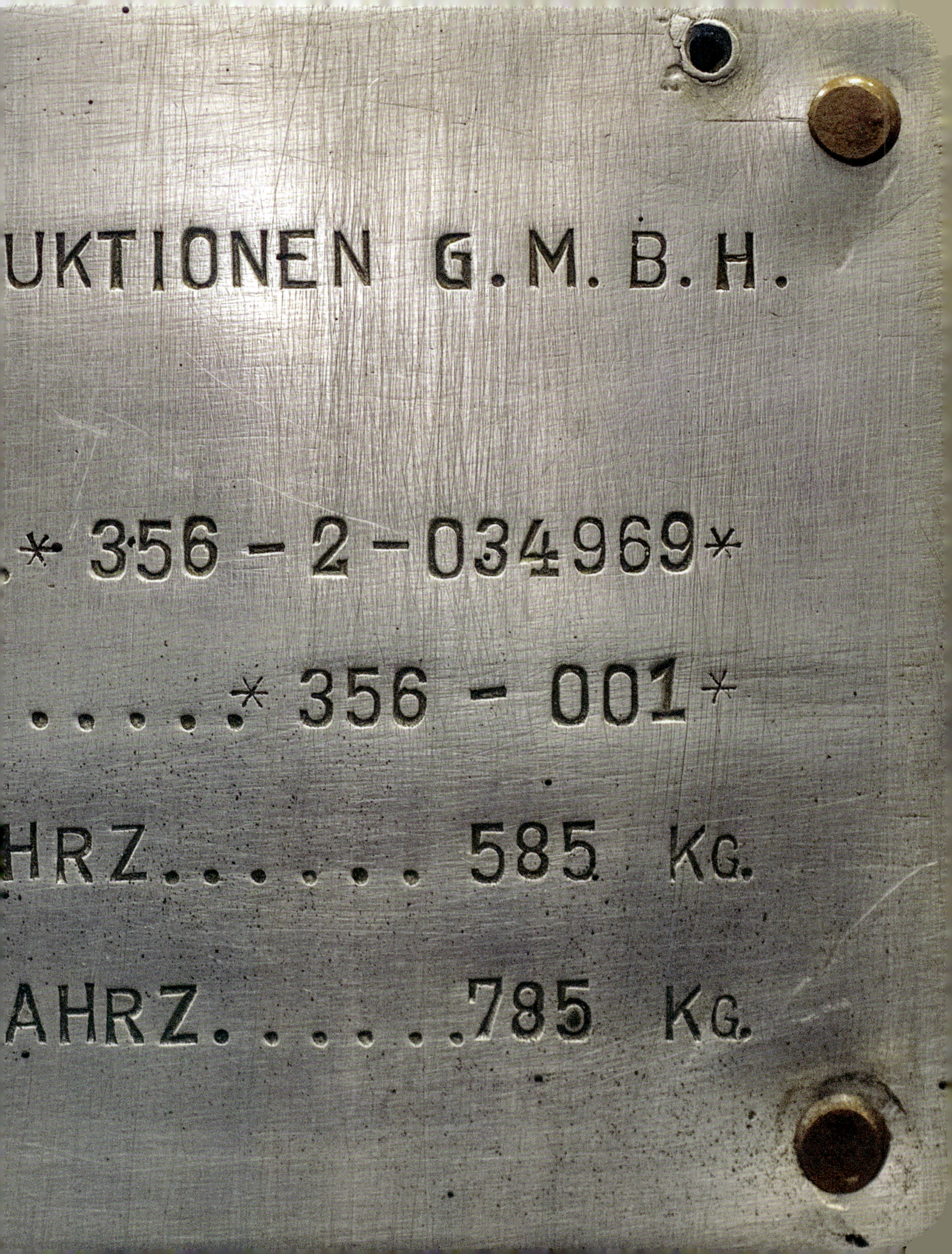
UKTIONEN G.M.B.H.
356-2-034969
......*356-001*
HRZ........585 KG.
AHRZ.......785 KG.

Zwei Porsche Meilensteine zu Gast in Berlin: Der 356 „Nr. 1“ Roadster und einer der ersten 911 gastieren anlässlich 75 Jahre Porsche Sportwagen „Driven by Dreams“ im Drive Volkswagen Forum – verbunden mit einer kurzen Stadtrundfahrt.

S GO 1964H

Der Porsche 356 „Nr. 1“ Roadster 2023 Berlin

S GO 1964 H
Porsche Museum

Der Porsche 356 „Nr. 1“ Roadster 2023 Stuttgart

75 Jahre jung: Porsche 356 „Nr. 1“ Roadster in den Staud Studios

Der Porsche 356 „Nr. 1“ Roadster 2023 Stuttgart

75 Jahre jung: Porsche 356 „Nr. 1“ Roadster in den Staud Studios

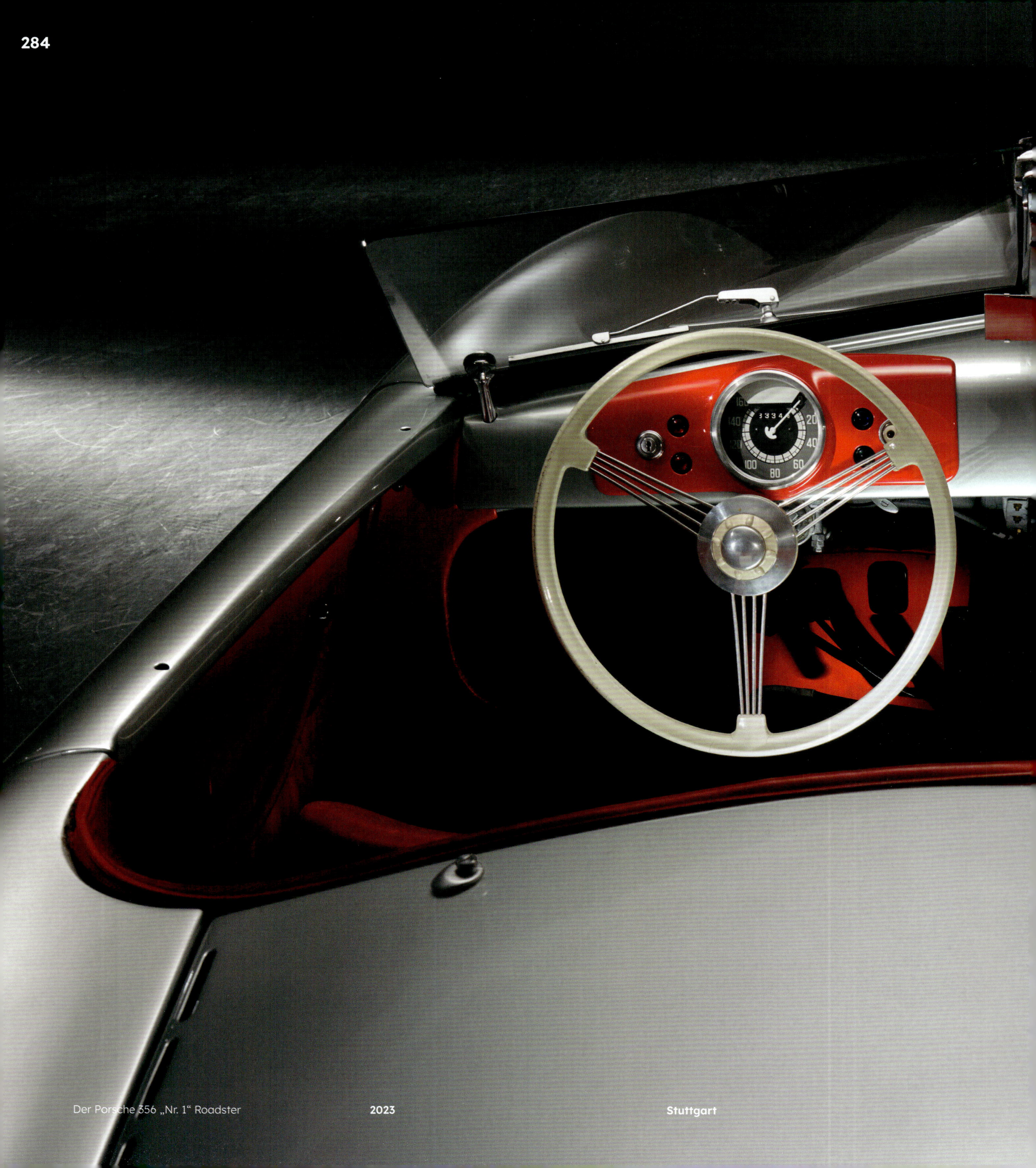

Der Porsche 356 „Nr. 1“ Roadster **2023** **Stuttgart**

75 Jahre jung: Porsche 356 „Nr. 1“ Roadster in den Staud Studios

357
PORSCHE
357

75 Jahre Porsche-DNA. Zu Ehren des 356 „Nr. 1“ Roadster kreiert das Style Porsche Team 2023 eine Studie, die Vergangenheit, Gegenwart und Zukunft des Marken-Designs verbindet. Kern des Vision 357 ist eine Philosophie, die zeitlos für den ersten wie den jüngsten Porsche gilt: „Wir sind stets auf der Gedankenreise in die Zukunft der Mobilität. Als Inspirationsquelle dient uns dabei immer wieder die Markengeschichte. Der Rückblick auf unsere Tradition mit einer Zukunftsstudie ist also nur scheinbar paradox.“

Der Porsche 356 „Nr. 1“ Roadster **2023** **Zuffenhausen**

MUSEUM
PORSCHE
K 45-286

Retrospektive: 2018 haben die Modernisierungsmaßnahmen ihren Höhepunkt erreicht. Aus dieser Phase stammen die folgenden Bilder. Inzwischen ist der 356 „Nr.1“ Roadster wieder behutsam seinem ursprünglichen Zustand angeglichen.

PORSCHE

80
100
120
60
140
40
160
20
180
200
Km
20
10

Der Porsche 356 „Nr. 1“ Roadster

K45-286

„

**Der erste Porsche von 1948
ist noch immer bei uns,
ist noch immer die Inspiration
für alles, was wir tun.
Und er wird weiterleben.
In all unseren Fahrzeugen.**

“

Ferry Porsche

Der Porsche 356 „Nr. 1“ Roadster

HERAUSGEBER
Dr. Ing. h.c. F. Porsche AG
Porscheplatz 1
70435 Stuttgart
Germany

Edition Porsche Museum
Archiv Edition 2/2023
MAP09000123

Motorbuch Verlag Stuttgart
ISBN 978 3 613 32156 4

TEXTE
Peter Weidenhammer

ÜBERSETZUNG
Apostroph Germany GmbH

GESTALTUNG
www.thekitchen.love
Philipp Šille

PRODUKTION
Projektkoordination buch exklusiv GmbH

DRUCK & BINDUNG
Druckstudio GmbH
Prof.-Oehler-Straße 10
40589 Düsseldorf
www.druckstudiogruppe.com

MIX
Papier | Fördert gute Waldnutzung
FSC® C006738

BILDNACHWEIS
Dr. Ing. h.c. F. Porsche AG und Unternehmensarchiv der Porsche AG
Stadtarchiv/Stadtmuseum Innsbruck
(Signaturen KR-NE-6057 und KR-NE-6059) – Seiten 55, 56/57
Automuseum PROTOTYP (Scan Fotoalbum) – Seiten 58 und 59
Axel Struwe Fotodesign – Seiten 74, 79
Archiv H. J. Bendel/Swiss Car Register – Seite 91
ÖAMTC/auto touring – Seite 95
Marco Marinello – Seiten 53, 92, 93, 106, 107, 114/115, 116
Fotostudio Orel – Seiten 236 und 237
Staud Studios – Seiten 280/281, 282, 283, 284/285
Paul Koziorowski – Seite 255

Radstand = 2150
BEZIRKSHAUPTMANNSCHAFT SPITTAL a./Dr.